JN060644

要求工学

要求工学（'24）

装丁デザイン：牧野剛士
本文デザイン：畑中　猛

s-66

まえがき

私たちの生活は，コンピュータ上で稼働するソフトウェアなくして語ることはできなくなった。スマートフォンは最も身近なコンピュータであるが，起動してみると多くのソフトウェアシステムを使えることがわかる。スマートフォンは，ソフトウェアシステムの塊である。家電製品も同様で，その中には製品を制御するために多くのソフトウェアが組み込まれている。車の自動運転支援システムは，センサーとカメラから得られるデータを解析し，車を制御するシステムや，人の運転を支援するためのソフトウェアから構成されている。本書では，これらのソフトウェア開発を始めるときに，最初に行われる「ソフトウェアにどういう振舞いをさせるのか」といった要求を定義するための一連の活動で適用される技術を解説する。

1990 年代に要求工学が注目され始めたとき，要求は獲得し，集める (gathering) ものであった。時代が進むと，要求は抽出する (elicitation) ものになった。「抽出」という用語には，要求者が明確には認識していないかもしれない要求を引き出すという意味が含まれている。要求は，抽出された後，「獲得された要求」として仕様書が記述される。要求工学の第一の目的は，「どのようにして要求を抽出するのか，それをどのように記述するのか」という問いに答えることである。

要求工学の第二の目的は，「獲得された要求をどのように分析するのか」という問いに答えることである。全世界で作られている要求仕様書の 7 割以上が自然言語で書かれていると言われている。要求仕様書を読む人は，技術者とは限らない。開発の発注者も読む。そのため，要求仕様書は，技術的な素養をもっていなくても理解できることが求められることが多い。要求仕様書を自然言語で書くことによって，仕様書の中に曖昧さが入る余地が生まれる。曖昧さとは，文の解釈が複数通りあることを言う。すなわち，要求仕様書を読んだ設計者が誤った解釈をする可能性もあるのである。したがって，要求文を書くためにも工夫と技術が必要である。

そして第三の目的は,「分析された要求あるいは要求仕様書の正しさをどのように検証し，妥当性をどのように確認するのか」を明らかにすることである。

要求工学の第四の目的は,「要求仕様書の品質を高めるために何をすべきか」という問いに答えることである。

最近の要求工学は，人工知能の進展を受け，大きく変貌をとげつつある。この背景として，生成 AI のような技術の進展だけでなく，社会とソフトウェアの相互作用が密接になったことが挙げられる。GUI(Graphical User Interface) を使えば使用性が向上すると考えられた時代は終わり，利用者にどのような快適な経験をもたらすかが「ソフトウェアの価値」として議論されるようになった。

要求工学の第五の目的は,「変更される要求に，どのように対処すべきか」という問いに答えることである。これからの要求定義では，社会を変えていくために，何をすべきかを考える時代になっている。DX(Digital Transformation) のための要求定義は，その典型である。

本書では，要求工学の概論から始めて，要求定義に関わる利害関係者を明らかにするステークホルダ分析法，課題抽出法，シナリオを用いた要求抽出技法，ゴール指向分析法といった分析技術や対立する要求や矛盾する要求を解消するネゴシエーション技法，要求仕様の品質保証と構成法，形式的な手法に基づく要求定義技法，ユーザインタフェース要求定義技法，要求管理技法といった一連の要求定義技法を学んだうえで，最後に実開発における失敗事例に対して，本書で紹介する技法群を適用すれば失敗を回避できることを確認する。

ソフトウェアの要求は，容易に定義できるものではない。多種多様な視野と視点を持った技術が必要である。各技術がどのような課題に対処するために研究されたのかを考えながら要求工学の学習を進め，実際のソフトウェア開発で活用していただきたい。

2023 年 12 月 25 日
中谷　多哉子
大西　淳

目 次

1 要求工学概論

中谷多哉子

第 1 章では，要求工学とは何を学ぶ領域なのかを述べた後，要求定義のプロセスを概観する．これによって後に続く講義を位置づける．

1. はじめに

要求工学 (RE: Requirements Engineering) は，ソフトウェア工学 (Software Engineering) の 1 分野である．ソフトウェア工学では，ソフトウェア開発を工学的に行うための理論，手法，ツール，人材育成，品質管理などの多岐にわたる課題が研究されている．要求工学は，ソフトウェア開発の最初の工程である要求分析に焦点を当てる．すなわち，**要求工学**は，実世界の問題を解決する活動と，ソフトウェアの開発活動を関連づける工学である．要求仕様書という成果物を作るために，科学的知識を適用し，費用対効果の高い解決策を目指す点は，他の工学と同じである．

本書の目的は，顧客の特性，解決する問題の複雑さ，市場の状況など，開発するソフトウェアの特徴や制約を理解し，適材適所で手法を取捨選択して使いこなすための知識を得ることである．

2. 歴史

要求工学は，ソフトウェア開発の 1 つの工程を研究スコープとしているのだが，他の工程の研究に比べると，研究領域として成熟してきたのは，比較的最近のことである．要求工学を特に取り挙げて紹介したのは，1977 年に IEEE(Institute of Electrical and Electronics Engineers) から発行された IEEE Transaction on Software Engineering Vol.SE-3, Issue:1 である．これは，要求仕様化技術の特集号であった．日本では，この IEEE Transaction の翻訳記事を中心とした bit の臨時増刊号が 1978 年 8 月号として共立出版から出版された．1982 年に International Symposium on Current Issues of RE Environments が，ソフトウェア工学の旗艦会議である ICSE'82（the 6th International Conference on Software Engineering '82) のシンポジウムとして京都で開催された．以降，このシンポジウムは，IWSSD (International Workshop on Software Specifications ＆ Design）に発展した．

このシンポジウムから 10 年を経た 1993 年に第 1 回要求工学国際シンポジウム (IEEE the first ISRE：International Symposium on Requirements Engineering）が開催された．翌年，1994 年には，第 1 回要求工学国際会議（IEEE the first ICRE: International Conference on Requirements Engineering) が開催された．以降，奇数年は ISRE, 偶数年は ICRE が開かれるようになった．これらの国際シンポジウムや国際会議が開催されたことで，要求工学に興味を持ったり，問題意識を持つ研究者が集まり始めた．そして，要求工学の課題として議論される対象は，仕様化技術だけでなく，要求獲得や要求の品質にも拡がっていった．同時に，他のソフトウェア工学に関するシンポジウムや国際会議でも，要求工学に焦点を当てたセッションが設けられるようになった．例えば，1994 年には, CAiSE (International Conference on Advanced Information Systems Engineering）のワークショップとして第 1 回 REFSQ(the first REFSQ:Requirements Engineering: Foundations for Software Quality) が開催された．1996 年には，Springer から Requirements Engineering Journal が創刊された．情報処理学会ソフトウェア工学研究会に要求工学ワーキンググループ (REWG) が設立されたのは 1998 年であり，現在に到るまで，毎年 3 回のワークショップが開かれている．本書の執筆陣は，このワーキンググループのメンバーである．

2002 年には，ISRE と ICRE が合体し，IEEE the first Joint RE Conference が開催された．この会議は，要求工学の旗艦会議として認知され，現在では RE'XX として参照される．日本では，RE'04 が京都の立命館大学で開催された.

これらの会議による一つの成果が IEEE Std.830 である．これは IEEE による要求仕様書の品質に関する国際推奨標準である．**IEEE Std.830** は 1993 年に発行され，1998 年に改訂版が公開された．その後 IEEE Std.830 は大幅に改定され，2011 年に **ISO/IEC/IEEE 29148**[1] として公開された．さらに更新されて 2018 年の版が公開されている[2]．

要求工学は工学であることから，要求の品質を向上させるための技術も研究されている．本書の第 8 章で，要求仕様書の品質について解説する．

3. 要求とは

ここでは，要求という用語を定義する．コンピュータ分野の辞書である **IEEE std 610-1990**[3] には，要求は以下のように定義されている．

1)　課題を解決したり，目的を達成するために，ユーザが必要とする条件，あるいは能力.
2)　契約，標準，仕様，あるいは，その他の正式に要請された文書を満たすために，システム，あるいは，システムコンポーネントが満たすべき条件，あるいは，持つべき能力
3)　上記の 1，2 の条件や能力を記述した文書

この定義には，「**ユーザ**」という用語が使われているが，この用語は，ソフトウェアの直接の使用者という誤解を生む．目的を達成したいと考えるのは，ソフトウェアの使用者だけではない.

現代社会では，ソフトウェアが企業活動，社会活動など，我々の生活の基盤となっている．ソフトウェアが様々な人々や組織に影響を及ぼすようになったことで，「ユーザ」の代わりに「**ステークホルダ**」という用語を使うようになった．ステークホルダは，意思決定権者，あるいは利害関係者と訳される．要求工学の知識体系をまとめた **REBOK**[4] では，

1)　日本規格協会:JIS X 0166:2014(ISO/IEC/IEEE 29148:2011)
2)　2022/11/19 執筆当時
3)　https://ieeexplore.ieee.org/servlet/opac?punumber=2238
4)　情報サービス産業協会 REBOK 企画 WG, 要求工学知識体系, 近代科学社, 2011.

IEEE std.610-1990 の定義に使われているユーザをステークホルダに置き換えている．同様の置き換えは，BABOK (Business Analysis Body of Knowledge)[5] でも見られる．

要求工学やソフトウェア工学でステークホルダと言う場合，それは，ソフトウェアの購入者，利用者，開発の発注者，ソフトウェアの運用者，開発者などを指す[1]．また，法やビジネスルールを守ること，習慣や慣習と矛盾しないこと，SDGs (Sustainable Development Goals) に代表される社会的な価値観を尊重することも，要求を定義するときに考慮しなければならない事項である．そのため，これらの専門家もステークホルダに含まれる．

要求エンジニアの仕事は，これらのステークホルダから要求を抽出し，要求仕様書を作成することである．

ここで，IEEE std 610-1990 における「要求」の定義に使われている「**システム**」という用語について考えてみたい．システムとは，多くの要素が互いに関連を持ちながら，全体として共通の目的を達成しようとしている集合体である[6]．IoT (Internet of Things) や IoE(Internet of Everything) 時代には，ソフトウェアとハードウェア，そして人や組織が，共通の目的を達成するために協働する．このことを考えると，これらはすべて，システムを構成するシステムコンポーネントとみなせる．

放送大学でも，学生や教職員がソフトウェアと共に，システムコンポーネントの役割を担っている例がある．放送大学では，2022 年の単位認定試験から IBT(Internet Based Testing) を導入した．IBT システムを円滑に運用するためには，ソフトウェアだけでなく，学生や支援者，試験問題を作成する教員などの協力体制が不可欠である．したがって，これらの協力体制に関する要求も「システム」への要求である．

---

5) IIBA®日本支部: ビジネスアナリシス知識体系ガイド Version3.0, 2015.

6) 大村平:システムのはなし，日科技連出版，1971.

表 1.1　粒度に基づく要求の分類

要求のスコープ	要求の分類	
実世界	ビジネス要求	プロダクト要求
	ステークホルダ要求	
システム	システム要求	
ソフトウェア	ソフトウェア要求	

(1) 粒度による要求の分類

要求は，その粒度によって，ビジネス要求，プロダクト要求，システム要求，ソフトウェア要求に分けることができる．それぞれの粒度の要求ごとに，要求のスコープ（視野）とステークホルダが異なる．表 1.1 に，これらの要求を整理した．上から下に行くほど，粒度の小さな要求となる．

ビジネス要求

ビジネス要求とは，企業や組織のミッション，目標，戦略などに基づき，ビジネスの将来の姿や，ビジネスが持つべき能力を規定する，実世界に対する要求である．

プロダクト要求

プロダクト要求とは，家電製品や自動車などの製品に対する要求である．

ステークホルダ要求

ステークホルダ要求とは，ステークホルダという特定の役割をもつ人や組織の，ビジネスやプロダクトに対する要求である．

システム要求

システム要求とは，特定の目的を達成するための情報システムが担う要求である．ビジネス要求，またはプロダクト要求を詳細化することで，システム要求が定義される．

ソフトウェア要求

ソフトウェア要求とは，システム要求の中で，特にソフトウェアが満足させなければならない要求である．

粒度の小さい要求が，より粒度の大きい要求を満足するために定義されたとき，両者の間には，目的と手段の関係がある．本書の第5章と第6章で紹介するゴール指向分析は，このような目的と手段の関係を分析して要求を抽出する技術である．

ここで示した要求の定義は，REBOK[4]に依るものである．その他に，要求の性質に基づいて分類することもある．

(2) 性質に基づく要求の分類

要求は，その性質によって，機能要求と非機能要求に分けることができる．

機能要求

機能要求とは，ソフトウェアが実行すべき機能の要求である．データを入力することによって得られる結果や起動される作用が機能要求の例である．「顧客番号順に顧客名簿を作成する」や「商品の在庫量が指定された数よりも少なくなったら発注する」は，機能要求である．

非機能要求

非機能要求はシステムが機能要求以外の要求である．非機能要求は品質要求と制約に分けることができる．制約に関する要求とは，予算や人材などを含めた開発プロセスや適用する手法・技術，開発環境に対する要求や，法やビジネスルール，習慣，慣習，SDGsに関する要求である．品質要求とは，最終成果物であるソフトウェアやシステムが実行する機能の品質に関する要求である．

表 1.2　ソフトウェア製品の品質要求 (利用時の品質モデル)[7)]

品質特性	品質副特性	意味
有効性		明示された目標を利用者が達成する上での正確さ及び完全さの度合い.
効率性		利用者が特定の目標を達成するための正確さおよび完全さに関連して，使用した資源の度合い.
満足性	実用性, 信用性, 快感性，快適性	製品又はシステムが明示された利用状況において使用されるとき，利用者ニーズが満足される度合い.
リスク回避性	経済リスク緩和性, 健康・安全リスク緩和性, 環境リスク緩和性	製品又はシステムが，経済状況，人間の生活又は環境に対する潜在的なリスクを緩和する度合い.
利用状況網羅性	利用状況完全性, 柔軟性	明示された利用状況及び当初明確に識別されていた状況を超越した状況の両方の状況において，有効性，効率性，リスク回避及び満足性を伴って製品又はシステムが使用できる度合い.

品質要求は，利用時の品質要求と製品品質要求に分類される[7) 8)]．表 1.2 に利用時の品質モデルを，p.16 の表 1.3 に製品品質モデルを示した.

開発されたソフトウェアは，要求として定義された品質特性を満足できていることが検証される．そのため，これらの品質特性のうち，最終的にテストする必要のある品質特性と，定量的な評価基準をテストの合否基準と共に要求仕様書に定義する.

非機能要求における「法令遵守」のための要求には，ソフトウェアだけでなく，ソフトウェアを運用する組織に求められる事項も含まれる．例えば，放送大学でも，システム WAKABA の運営において取得した個人情報の取り扱い方法を Web サイトで公開している[9)]．

7） ISO/IEC25010 日本規格協会:JIS X 25010:2013，システム及びソフトウェア製品の品質要求及び評価 (SQuaRE)—システム及びソフトウェア品質モデル (ISO/IEC 25010:2011)，2013.

8） これまでは，製品品質要求を内部品質要求と外部品質要求に分けていたが，ISO/IEC25010 で統合された.

9） https://www.ouj.ac.jp/about/ouj/corporate/kojinjoho/ （2022/5/1 現在）

表 1.3　ソフトウェア製品の品質要求 (製品品質モデル)) [7)]

品質特性	品質副特性	意味
機能適合性	機能完全性，機能正確性，機能適切性	明示された状況下で使用するとき，明示的ニーズ及び暗黙のニーズを満足させる機能を，製品又はシステムが提供する度合い．
性能効率性	時間効率性，資源効率性，容量満足性	明示された条件（状態）で使用する資源の量に関係する性能の度合い．
互換性	共存性，相互運用性	同じハードウェア環境又はソフトウェア環境を共有する間，製品，システム又は構成要素が他の製品，システム又は構成要素の情報を交換することができる度合い，及び／又はその要求された機能を実行することができる度合い．
使用性	適切度認識性，習得性，運用操作性，ユーザエラー防止性，ユーザインタフェース快美性，アクセシビリティ	明示された利用状況において，有効性，効率性及び満足性をもって明示された目標を達成するために，明示された利用者が製品又はシステムを利用することができる度合い．
信頼性	成熟性，可用性，障害許容性（耐故障性），回復性	明示された時間帯で，明示された条件下に，システム，製品又は構成要素が明示された機能を実行する度合い．
セキュリティ	機密性，インテグリティ，否認防止性，責任追跡性，真正性	人間又は他の製品若しくはシステムが，認められた権限の種類及び水準に応じたデータアクセスの度合いをもてるように，製品又はシステムが情報及びデータを保護する度合い．
保守性	モジュール性，再利用性，解析性，修正性，試験性	意図した保守者によって，製品又はシステムが修正することができる有効性及び効率性の度合い．
移植性	適応性，設置性，置換性	一つのハードウェア，ソフトウェア又は他の運用環境若しくは利用環境からその他の環境に，システム，製品又は構成要素を移すことができる有効性及び効率性の度合い．

4. 要求と要求仕様

要求を抽出して要求仕様書を記述するとき，次のような疑問を持つことがある．

- 抽出された要求は，開発するソフトウェアだけで実現できることなのか．
- ソフトウェアを使う人からデータは得られるのか，それとも，センサーから信号が送られてくるのか．例えば，人からデータが送られてくるとしたとき，そのデータはどの程度信用できるのか．人であれば，誤ってキーを叩くこともあろう．センサーから送られてきた信号は，どのような意味を持っているのか．

- センサーが故障した場合，どのように故障を検知すべきなのか．また，どのように対処すべきなのか．

ソフトウェアに接続された利用者インタフェースやセンサーからは，情報が 0 と 1 からなる電気信号で送られてくる．この電気信号に「故障」や「高温」，「危険」といった意味を与えるのは，開発するソフトウェアではなく，実世界である．我々の要求は「高温になったら温度を下げること」であるが，温度調節器の要求仕様は，「温度センサーから伝えられた値が 90 以上になったら，ヒーターに off 信号を送付する」である．両者は同じように見えるが，別物である．前者では高温の意味が曖昧である．

かつて，銀行から送金するとき，銀行の窓口に行かねばならない時代があった．それが ATM で実行できるようになり，今では，インターネットでもできるようになった．実世界が進化し，様々な機器や仕組みが開発され，導入された．これによって，送金を行う作業の仕様が変わった．**Michael Jackson** の**プロブレムフレーム**[10)] によると，ATM やインターネットバンキングのソフトウェアはマシンであり，銀行の窓口，インターネット，口座は，マシンに接続された既知の**ドメイン**である．我々の送金したいという要求は変わらないが，ドメインが多様化することによって，マシンの要求仕様は変わる．

プロブレムフレームでは，マシン，実世界，共有現象，非共有現象という概念を用いて要求と要求仕様を明確に区別した．以下に，それぞれの用語を紹介する．

10) Michael Jackson: Problem Frames-Analyzing and structuring software development problems-, Addison-Wesley, 2001.(榊原彰他 (翻訳):プロブレムフレーム ソフトウェア開発問題の分析と構造化，翔泳社，2006.)

マシン
マシンという用語は，本章におけるソフトウェアやコンピュータシステムと同義である．本章でもシステムを定義したが，「システム」という用語はコンピュータシステムを指すのか，それとも実世界のシステムを指すのかが曖昧である．Michael Jackson は，誤解を生まないために，「ソフトウェアやコンピュータシステム」という用語の代わりに「マシン」という用語を用いている．マシンは，その内部の構造や動作の仕組みを開発者が自由に決めることができる開発対象である．

実世界
実世界は複数の物理的な実体から構成される．このような実体をドメインという．ドメインは既に実世界に存在しており，その仕様は既知である．したがって，開発者はドメインの仕様を変更できない．

共有現象
共有現象とは，実世界とマシンが共有する現象のことである．例えば，在庫管理ならば，「入庫」が在庫管理システムと倉庫の間で共有される事象となり，在庫が増えることが共有現象となる．倉庫の在庫が盗難にあったとき，盗難をセンサーなどで在庫管理システムが検知できるならば，盗難は在庫管理システムと倉庫の間で共有される事象となる．

非共有現象
非共有現象とは，実世界に生じている現象のうち，マシンが検知できない現象のことである．倉庫の在庫が盗難にあったとき，盗難をセンサーなどで在庫管理システムが検知できないならば，盗難は在庫管理システムと倉庫の間で共有できない事象となる．

マシンを開発するときは，現実世界に対する要求に基づいて，何を共有現象とし，何を非共有現象としなければならないかが決まる．非共有現象は，センサーなどを使えば共有現象とすることが可能かも知れない．

- **要求**

  要求とは要求者が実世界を構成するドメインに求める振る舞いである．例えば，「常に倉庫の在庫量を正確に把握出来ている状況にしたい」は，要求である．

- **要求仕様**

  要求仕様とは，実世界が要求通りに振る舞うためにマシンが満足すべき事柄の記述であり，実世界とマシンが共有する現象を用いて表現される．在庫量を正確に把握したいという要求に対して，要求仕様には，マシンがどのようなデータをどのドメインから得るのかを定義する．

5. 要求プロセス

要求工学を実践するプロセス (以降，**要求プロセス**という)[11] は，要求抽出，要求分析とネゴシエーション（交渉），要求の文書化，要求仕様の妥当性確認，要求仕様の検証という工程から構成される．これらの工程を経ることで，要求仕様書が作られる．要求プロセスの成果物は要求仕様書である[12]．要求工学のスコープには，要求抽出から要求仕様書を作成するまでの工程の他に，要求仕様書の構成を管理したり，要求の再利用を支援するための作業を行ったりする，要求管理の工程も含まれる．

要求プロセスを繰り返すことで，要求仕様書の品質が向上し，製品の品質も向上していく．この様子を表したのが次のページの図 1.1 である．本書では，これを**鳴門モデル**[13] と呼ぶ．

鳴門モデルに従って要求仕様書を繰り返し更新すると，要求仕様書の

11) Pierre Bourque and Richard E. Fairley: SWEBOK v3.0 -Guide to the Software Engineering Body of Knowledge, IEEE Computer Society, 2014.

12) Nuseibeh, B. and Easterbrook, S.: “Requirements Engineering: a Roadmap”, ICSE’00: Proc. of the Conference on The Future of Software Engineering, ACM, pp. 35-46(2000).

13) 中谷多哉子, 大西淳, 佐伯元司: “繰り返し型開発のための要求工学プロセス：鳴門モデルの提案”, 電子情報通信学会信学技報, vol.123, no.124, pp.65-70 , 2023.

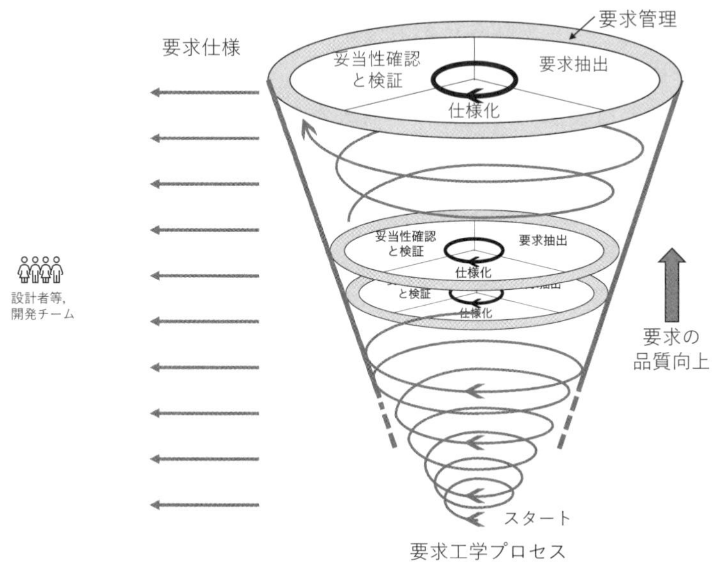

図 1.1　要求プロセス：鳴門モデル

品質が高まり，ステークホルダの満足度が高まり，すべてのステークホルダの実世界と要求への理解度が増すことを目指したい．徳島県の鳴門の渦潮は，潮が渦の中心に向かって流れ込むが，図 1.1 の鳴門モデルでは，渦が中心から外に拡がって行くことで，開発者を含めたステークホルダの実世界への理解は深まり，要求への合意度も高まると共に，要求仕様書の品質も向上していくことを表している．これによって製品の品質も高まることを表している．要求プロセスが終了するのは，ステークホルダが「開発を終わらせる」ことに合意したときである．

鳴門モデルから理解すべきことは以下のことである．

- 要求抽出から妥当性確認と検証までの工程は繰り返される．
- 工程が繰り返されることで要求の理解度，合意度，仕様の品質は向上し，最終成果物であるソフトウェア製品の品質も向上する．
- 工程が繰り返されるタイミングで，いつでも設計以降の開発者に要求仕様書を渡すことができる．
- 工程を繰り返すためには，要求の管理プロセスが必要である．

鳴門モデルの基本となるのが，一つのサイクルで行われる活動である．図 1.2 に示すように，1 つの要求プロセスのサイクルは要求抽出，要求分析，ネゴシエーション，要求の仕様化，要求の妥当性確認と検証，要求の管理から構成される．図に示したステークホルダには，要求者，開発者をはじめとした様々な人々が含まれている．

要求エンジニアは，これらのすべての工程を通して，要求を詳細化したり，矛盾を解消したりする．また，一度定義した要求が修正されることもあるし，要求者が要求を変更することも少なくない．したがって，これらの要求の進化の過程を記録し，管理する工程が必要である．図 1.2 の一番外側の輪は，要求管理の工程を表している．すべての工程の成果物は要求管理の対象物となる．要求管理の工程では，成果物の版を管理するだけではなく，要求変更を追跡し，開発が正しく行われていることを確認する．そのため，この要求管理の工程は，ソフトウェア開発の全体を通して継続される．

アジャイル開発を適用するソフトウェアの開発プロジェクトでは，開発計画に合わせて，妥当性確認と検証が済んだ要求仕様書を設計者に渡す．開発と要求プロセスは並行に進めることができる．要求者にとっても，開発の成果物を見ながら，不足している要求や要求の修正について要求エンジニアと話せることは，開発プロジェクトへ参画する効果として実感できるものとなろう．

要求者が開発プロジェクトに深く参画することは，PD (Participatory Design) と呼ばれており，アジャイル開発にも取り入れられている．PD では，ユーザを含むステークホルダの，ステークホルダによる，ステークホルダのためのシステム設計を実現することが目指される[14)]．

ここまでで定義した用語を使いながら，図 1.2 のプロセスを解説する．括弧内は，本書で取り扱う章番号である．

14) Michael J. Muller, Daniel M. Wildman, and Ellen A. White: "Participatory Design", CACM, 1993, June, pp.25-28.（CACM のこの号は，PD の特集号になっている．）

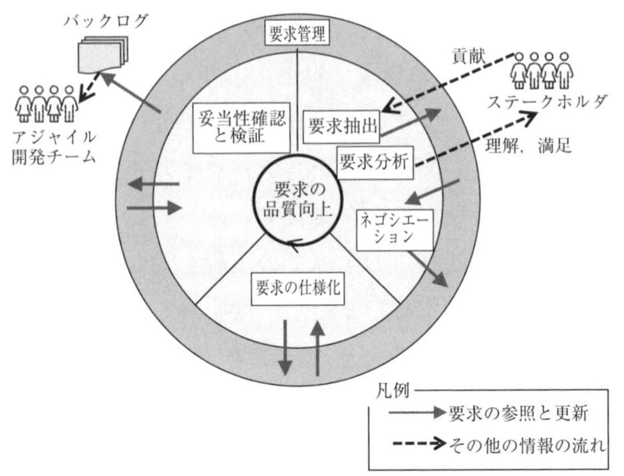

図 1.2　要求プロセスの構成

1)　要求抽出（第 2 章～第 4 章）

要求の抽出工程では，ステークホルダを明らかにし，各ステークホルダの世界観，課題，要求を抽出する．シナリオを用いて要求仕様を書くことで，特定の技術に依存することなく，要求仕様を理解することができるようになる．

2)　要求分析とネゴシエーション（第 5 章～第 7 章）

要求の分析では，達成すべき目標に対して，抽出された要求がどのように貢献できるのかを分析したり，目標を達成するために必要な要求を明らかにしたりする．ゴール指向分析手法を用いることで，目的を達成するための手段を定義できるようになる．

3)　要求の仕様化（第 8 章～第 11 章）

要求仕様書，および要求文に求められている品質を理解したうえで，要求仕様書を記述する．形式手法を用いた要求仕様を書くことで，非曖昧な仕様書を作ることができる．

4)　要求の妥当性確認（第 12 章～第 13 章）

要求の妥当性を確認するために，利用者インタフェースのモックアップやプロトタイプをステークホルダ，特にソフトウェアの直接の利用者に見せるのが効果的である．

5)　要求の管理（第 14 章）

開発したソフトウェアが，ステークホルダの要求を満足し続けるようにするために，ソフトウェアの開発が進む間も継続してステークホルダから情報を収集し，要求仕様書を修正し，更新する．要求の管理では，要求仕様書の版管理，構成管理，追跡管理を行う．

6. まとめ

この章では，歴史を振り返ることで，要求工学の重要性が認識されるようになった経緯を解説した．また，後続の章の構造を説明するために，要求工学および要求の定義と要求プロセスについて解説した．ステークホルダという重要なキーワードも紹介した．要求工学は，人との対話から始まり，要求仕様書という成果物を生成する活動に関する技術を論ずる学際領域である．活動の始まりが人との対話である点から，相互理解や相互了解への配慮や自然言語の取り扱いにも注意が必要となる．人間が生きているアナログ世界と，プログラムというデジタル世界とを繋ぐ橋渡しをするための技術を以降の章で，解説する．

参考文献

(1)　情報サービス産業協会 REBOK 企画 WG, 要求工学知識体系, 近代科学社, 2011.

(2)　Michael Jackson: Problem Frames-Analyzing and structuring software development problems-, Addison-Wesley, 2001.(榊原彰他 (翻訳):プロブレムフレーム ソフトウェア開発問題の分析と構造化，翔泳社，2006.)

研究課題

遠赤外線ヒーターの機能要求は以下のとおりである.

- 利用者はヒーターのスイッチの on/off ができる.
- 利用者が連続して使えるのは 1 時間である.
- 利用者がチャイルドロックを on にすると，チャイルドロックを off にするまでヒーターのスイッチを on にできない.
- ヒーターはヒーターの前に障害物があることを検知すると自動でスイッチを切る.
- ヒーターは，ヒーターが転倒したことを検知した場合，自動でスイッチを切る.

遠赤外線ヒーターに関する以下の問いに答えなさい.

1) プロブレムフレームの書籍を読み，遠赤外線ヒーターに組み込むソフトウェアをマシンとしたときのプロブレムフレームを定義しなさい.
   ただし，ヒーター，チャイルドロック，タイマー，障害物センサー，転倒センサーは，ドメインとして取り扱い，マシンは，これらの機器の制御部分のみとする.
2) あなたが必要と思う遠赤外線ヒーターの非機能要求を 5 つ定義しなさい.
3) 上記 2) で定義した非機能要求について，それぞれの非機能要求は，品質特性のどれに該当するかを考えなさい.

2 ステークホルダ分析

中谷多哉子

要求を抽出する前に，要求に関する意思決定権者であるステークホルダを明らかにする．ステークホルダが決まったら，ステークホルダの重要度を分析して，インタビューを行う．この章では，これらの活動の目的を解説すると共に，適用可能な手法を解説する．

1. はじめに

要求は誰に聞けば良いのであろうか．ステークホルダ分析では，要求の意思決定権者であるステークホルダを列挙する．これから開発するソフトウェアを取り巻く環境などの情報や要求は，ここで列挙したステークホルダから抽出する．

以下に示すように，我々が住む実世界には複数の課題があり，複雑である．

課題は複数ある

解決しなければならない実世界の課題は一つではないかもしれない．課題が複数あるとき，個々の課題の解決策が競合したりトレードオフの関係になっていたりする．

課題の解決策は，一つではない

AI（Artificial Intelligence）やインターネットなど，情報技術の進化と発展にはめざましいものがある．現状の課題を解決するためには，中長期的な技術の発展の方向を見極めたい．課題の解決策を得るには，ステークホルダからの情報だけでなく，開発技術者から得られる技術的な実現可能性に関する情報，妥当な策を要求

として定義するための知識が必要である

要求工学のゴールは，ソフトウェアを開発することではない
要求工学は，ソフトウェア工学の 1 分野である．しかし，要求工学が目指すゴールは，ソフトウェアを開発することではない．現在の課題を抱えている状況を課題が解決された状況にするために，ソフトウェアの要求仕様を定義することである．将来の目指すべき状況に含まれるソフトウェアのまわりには，利用者や市場，そして自然環境がある．

要求を定義するためには，様々な人々の意見を収集して，実世界を理解しなければならない．本章の目的は，ステークホルダ達からどのように情報を聞き取り整理するのかを学ぶことである．

2. 実世界の理解から要求抽出で使われる技術

世界の理解から要求抽出までで使われる技術は多様である．要求者と開発者とが協力し，各自の発想力や創造力，気づきといった能力に依存して，望ましい将来像を描くために適用できる技術と，問題が提示されており，それを段階的に詳細化することで解決策を明らかにするための手法とは，分析プロセスも分析時に考える問題空間の広さも異なる．

図 2.1 に，妻木と玉井によって提案された要求工学技術マップ[1] を示す.[2] この図には，要求工学，特に要求抽出や要求分析で適用される技術の全体像が示されている．網掛けされた手法は，本書で触れる課題抽出，要求抽出，そして要求分析の技術である．

図 2.1 の図の左側に位置づけられている手法は，それを適用するときの思考プロセスが決められている．これに対して右側には，思考プロセスを決めることができない手法が集められている．右側に配置した手法を適用するときには，分析者の気づきや創造力が必要となる．図の上側

1） 本書の内容に合わせて改変してある．

2） 妻木俊彦，白銀純子著，大西淳監修: 要求工学概論ー要求工学の基本概念から応用まで, 近代科学社, 2009.

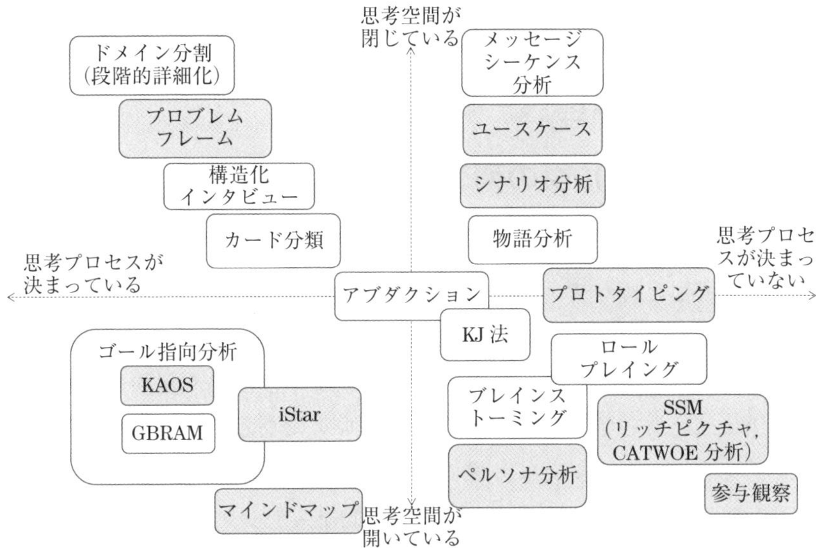

図 2.1　要求工学技術マップ

には，その分析の思考空間が閉じている手法がまとめられており，下側には，分析の思考空間が開いている手法がまとめられている．

これらの技術を適用して課題抽出や要求分析を行う前に，誰から情報を収集すればよいのであろうか．

ステークホルダ分析のプロセスは，以下のようになる．

1)　ステークホルダを列挙する

2)　ステークホルダの重要度を分析する

できれば，より多くのステークホルダにインタビューを行い，これから開発するソフトウェアに関する要望を聞きたい．しかし，時間や経済的な制約があるため，インタビューを行うステークホルダには，優先順位をつける必要がある．

3)　インタビューを行う前に以下の活動を行う

- 参与観察を行い，背景知識を得る．
- ステークホルダごとに収集する情報を決める．特に領域の専門家へ聞くことを列挙する．
- インタビューの調整を行う．

4) ステークホルダにインタビューを行う
5) インタビュー結果の整理し，可視化する

これらの活動の詳細を以下で解説する．

3. ステークホルダの列挙

ステークホルダの重要度を分析するために，開発するソフトウェアの要求の決定権を持つステークホルダを発見する．

開発されたソフトウェアの利用者は典型的なステークホルダである．また，ソフトウェアを開発するために考慮すべき法律や規約，習慣がある場合は，それらの専門家がステークホルダになる．開発されるソフトウェアのステークホルダは多様である．

図 2.2 に，**オニオンモデル**を用いて典型的なステークホルダを示した[3)]．オニオンの中心には，ソフトウェア製品やサービスがあり，これに関わる度合いが大きい順に内側から外側に向かってステークホルダが配置されている．以下に，主なステークホルダを挙げる．

製品，サービス，ソフトウェアと直接関わる人々

“**ユーザ**” と呼ばれる人々は，このグループに属するステークホルダである．そして，製品やサービスと直接関わることで，それまでの習慣や業務のやり方が変わるといった影響を受ける人々である．その他に，開発後にユーザのサポートをしたり，システムの保守をしたりする人々，発注者側のプロジェクトマネージャ，**システム責任者**などが，このグループに属する．システム責任者とは，企業戦略に基づいて現状を分析し，ソフトウェアを開発する意思決定を行った人である．したがって，開発されたソフトウェアを導入した後，その効果の良さ，すなわちソフトウェアが妥当であることに責任を持っている．ユーザやシステム責任者は，ソ

3) I. Alexander: “A Taxonomy of Stakeholders: Human Roles in System Development”, International Journal of Technology and Human Interaction, vol.1 no.1, pp.23–59, 2005.

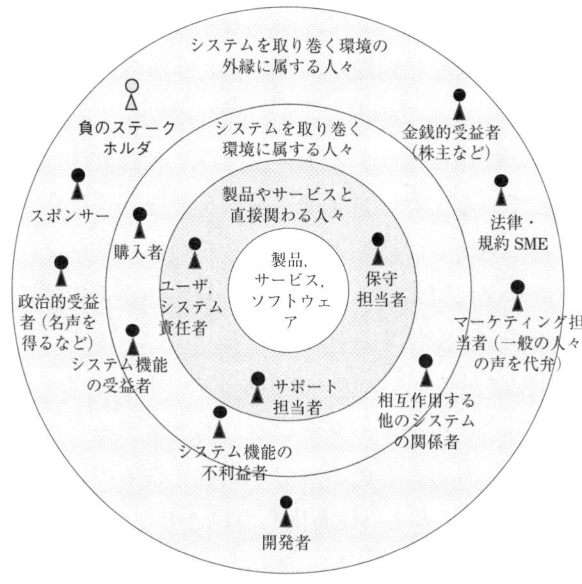

図 2.2　オニオンモデル

フトウェア導入前の課題を認識しているステークホルダでもある.

システムを取り巻く環境に属する人々

開発プロジェクトへの出資者, 要求エンジニア, 設計技術者, 開発者がこのグループに属するステークホルダである. これらの人々は, ソフトウェアを開発するための資源や情報, 知力, 労力を提供する役割を担う.

テスト技術者は, 開発者の一員として定義された要求が検証可能であることを確認する役割を担うステークホルダである. 例えば, Web システムの要求で「5 秒以内に反応が返ること」は, 非曖昧であり検証可能な要求である. しかし, Web システムの応答時間はネットワークの通信量に依存するため, その反応速度を保証することはできない. したがって, 要求は「システムの返答が 5 秒以内に戻らない場合は, 遅延のメッセージを表示する」というように定義しなければならない. このような要求を定義するためには, テスト技術者の知識と技術が必要である.

同様に，要求エンジニアは，要求者が提示した要求の非曖昧性や無矛盾性を検証し，問題があれば修正する役割を担う．設計技術者は，ソフトウェアの開発上の制約に基づいて開発の実現可能性を評価する役割を担う．要求エンジニアと設計技術者は，要求者が期待している品質，コスト，納期を考慮して，要求のトリアージ，すなわち要求の取捨選択をするために必要な様々な情報をステークホルダに提供すると共に，よりオニオンの核に位置するステークホルダと交渉する責任がある．

さらに，配慮が必要なステークホルダの中に，システムによって不利益を被るステークホルダがいる．あるステークホルダが，システムが開発されることによって不利益を被るのは，システム責任者の意図なのか，あるいは意図しないことなのかによって，配慮が必要ないのか否かが変わる．例えば，金庫を設置することは，泥棒の不利益になるが，それは金庫を設置しようとするステークホルダの意図することである．携帯電話が普及することによって，街から公衆電話が減った．災害時に連絡を取る手段がなくなることで，多くの人々が不利益を被る．社会基盤となるシステムの要求抽出では，様々なステークホルダを列挙することで，要求の妥当性を多様な視点から評価できるようになる．このような評価は，システムを導入した後に予期せぬ問題を生じさせないために重要である．

より外縁に属する人々

このグループに属するステークホルダは，完成したソフトウェアを含む世界に直接関わらないことが多い．しかし，ソフトウェアの要求を定義するときには重要な役割を担う．規約，制度，法律に関する知識を持っている法務担当者がこのグループに属するステークホルダである．また，マーケティング担当者は，一般の人々の声，市場の動向，競合他社のサービス内容の情報を持っているという点で，開発しようとするサービスに関するステークホルダである．

法務担当者やマーケティング担当者のような，特定の領域の専門家を **SME: Subject Matter Expert** という．SME は，専門とする領域から情報を提供したり，要求仕様の可否を評価したりする．その結果，要求仕様に妥当ではない点がある場合，より妥当な要求仕様を提案する役割を担う．

開発されるソフトウェアやサービスの提供を妨害する脅威をシステムに与える "負のステークホルダ" もステークホルダである．負のステークホルダはいつも悪事をするとは限らないが，その振るまいについて知識を持つセキュリティ領域の SME が，安全・安心なシステムを開発するためには必要である．この SME には，負のステークホルダによるシステムへの脅威を指摘し，その脅威を緩和させるための要求仕様を提案する役割が期待される．

4. ステークホルダの重要度分析

ステークホルダを列挙できたら，次に，ステークホルダの様々な属性に基づいて重要度を分析する．開発チームがステークホルダにインタビューをしようとしても，要求抽出のための会議に出席してもらえなかったり協力が得られなかったりすることがある．協力的なステークホルダであれば，連絡をとれば情報を入手することが可能であろう．協力的なステークホルダには，開発チームからも開発の状況や課題などの情報を提供することで，開発プロジェクトに積極的に参画してもらえる．しかし，協力的でないステークホルダの場合，インタビューの時間を割いてもらえないこともある．もし，そのステークホルダが重要な人物であれば，インタビューへの協力が必要な理由を説明して協力を強く働きかけたり，関心を持ってもらうための情報提供をしたりする必要がある．インタビューの対象者がプロジェクトに対してどのような姿勢で臨んでいるのかを要求エンジニアが把握し，協力の要請をどの程度強く，どの位の頻度で行う必要があるかを明らかにする．これがこの活動の目的である．

プロジェクトを円滑に遂行させるためには，開発に必要な要求を適切な時期に，適切な正確さで要求エンジニアが得る必要がある．しかし，要求抽出をする会議体とステークホルダとの距離（地理的な距離ではなく，何人の人を介して対話をするかという対話の距離）が長ければ，要求の追加や変更の知らせは遅れる[4)]．要求エンジニアとステークホルダが直接対話できないことは，適切な時期に適切な要求を要求エンジニアが得られないことを意味し，開発プロジェクトにとって重大なリスクとなる．しかし，このリスクは予測可能である．そして，ステークホルダの特性に応じて，協力要請の強さと頻度を決めることで，このリスクを低減させることができる．

このリスクは，ステークホルダのプロジェクトに対する権力[5)]，関心度，関与度，影響度の大きさという属性に依存する．これら 4 つの属性の中から 2 つの属性を選択し，二次元平面に個々のステークホルダをプロットすることで，ステークホルダがプロットされた位置によって，リスク管理できるようになる．これらの 2 つの属性から構成される平面のうち，特に，権力と関心度から構成される平面を**権力・関心度グリッド**，権力と関与度から構成される平面を**権力・関与度グリッド**，そして，関心度と影響度から構成される平面を**関心度・影響度グリッド**と言う．

図 2.3 に，関心度・影響度グリッドの例を示す．この図では，横軸にステークホルダのプロジェクトへの関心度，縦軸に影響度の高さを設けた．ここで影響度とは，要求仕様書の品質に与える影響度である．関心度の高さと影響度の高さに基づいて図の中にプロットしたステークホルダのうち，A から D までの典型的なステークホルダについて，協力が得られないことによるリスクの大きさとリスクの軽減策を考えてみよう[6)]．

4） T. Nakatani et al.: "Requirements Maturation Analysis by Accessibility and Stability, Pro.,̧ of the 18th Asia-Pacific Software Engineering Conference (APSEC2011), 2011, pp.357–364.

5） 自分の意見の優先度を上げる影響力である．要求のトリアージにおける決定権限などを含む．

6） Project Management Institute: プロジェクトマネジメント知識体系ガイド PMBOK(R) ガイド 第 4 版, PMI 日本支部, 2008.（PMBOK は，第 4 版以降も，改定が数度行われている．2021 年に出版された第 7 版では，ステークホルダとの対話を管理する記述が減っている．）

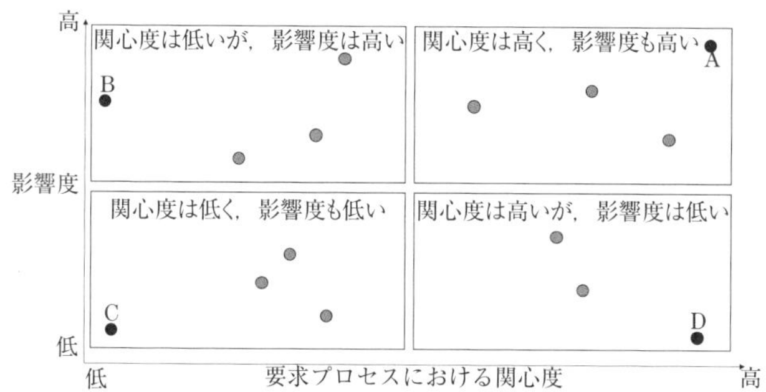

図 2.3　ステークホルダの関心度・影響度グリッド

- A は，関心度が高く影響度も高い．そのため，プロジェクトへの継続的な参画を要請しやすいであろう．対話を続け相互理解のもとで協力関係を維持することで，A によって，プロジェクトが失敗するリスクを回避できるであろう．
- B は，関心度は低いが影響度は高い．関心度が低いので，プロジェクトの参画要請に応じない可能性がある．しかし，プロジェクト遂行中に，関心度が高まると，影響度の高さがプロジェクトに負の影響を与えるリスクがある．リスクを低減させるために，関心を高めてもらえるように働きかけをする．たとえば，ソフトウェア開発の目的や要求定義の進捗状況などの情報を提供し続ける．
- C は，関心度が低く，影響度も低い．このままであれば，C へ強く参画の働きかけを行う必要はないが，B や A に移動していないことを観察し続ける．
- D は，関心度が高いステークホルダである．D から抽出される要求の影響度は高くない．しかし，多くの要求が抽出され，D の要求の影響度が大きいことが判明したとき，すぐに A の位置に移ってもらえるようにするため，関心の高さを維持する働きかけを行う．

5. 参与観察

参与観察とは，観察者が観察対象の人々と行動を共にしながら，行動の特徴や習慣，考え方を学ぶことを言う．要求を人づてで入手するのではなく，直接，現実世界の問題状況を体験できれば，ユーザやシステム責任者が持つ**暗黙知**を要求エンジニアが理解できる．

要求工学では，要求エンジニアや参与観察の専門家が，要求者の業務を体験することを通じて仕事の重要性や作業のやり方，そのように仕事を行う理由，そして彼らの要求を理解するために参与観察を適用できる．

人が担っている業務には，文書化されていない知識がある．担当者にとっては常識であるが，外部の人にとっては，手続きや操作の方法の根拠を知ることが困難である．このような文書化されていない暗黙知は，インタビューで問いかけても，的確な回答を得ることができないことも多い．このような知識は参与観察によって得ることができる．

人工知能システムを開発するときには，従来より熟練者の知識をどのように技術者が得るのかが議論されてきた．参与観察によって，熟練した専門家が持っている暗黙知を技術者が得られた例がある[7) 8)]．別の研究では，参与観察によって，現在行われているアナログ作業が，作業者にとって，実世界を理解し，自己のメンタルモデル[9)]を構成するために役立っていることが明らかとなり，コンピュータによる自動化が必ずしも適切な解ではないことがわかったという報告もある．[10)]．

6. インタビューの実施

インタビューには，**構造化インタビュー**，**半構造化インタビュー**，**非構造化インタビュー**がある[11) 12)]．予め質問項目と回答の選択肢を用意し，決められた順番で質問を発するインタビューを構造化インタビューと言う．このようなインタビューであれば，インタビュアーの経験や技術に

7） 山口高平, 中谷多哉子: AI システムと人・社会との関係, 放送大学教育振興会, 2020

8） 山口高平: AI プロデューサ 人と AI の連携, 近代科学社 Digital, 2022.

9） メンタルモデルとは，人の頭の中にあるイメージや行動や思考の前提となるモデルである．

10） I. Sommevilleet al.: “Integrating ethnography into the requirements engineering process,” Proc. of the IEEE International Symposium on Requirements Engineering, 1993, pp. 165-173.

11） 北川由紀彦, 山口恵子: 社会調査の基礎, 放送大学教育振興会, 2019.

12） 高橋秀明: ユーザ調査法, 放送大学教育振興会, 2020.

依存せず，同じ条件で結果を得ることができる．また，多くの標本データを集めることが可能であり，収集した結果を用いて統計分析を行うこともできる．

半構造化インタビューでは，インタビューの全体の構造を決める大まかな質問項目だけを用意してインタビューを行う．インタビュアーは，インタビュイーの回答によって，より詳細な事柄を問う質問を追加して回答を集める．半構造化インタビューの質は，インタビュアーの技術に依存する．また，深い質問をするため，多くの人にインタビューを行うことはできない．その代わり，特定の個人の考えや状況を詳細に聞き取ることができるというメリットがある．

これらに対して，非構造化インタビューというインタビューの方法がある．参与観察で仕事を行いながら質問をするインタビューは，特に質問項目を設けて尋ねるものではない．このようなインタビューが，非構造化インタビューである．臨機応変に自由な質問を発することができるという長所がある．

構造化インタビュー，半構造化インタビュー，非構造化インタビューは，それぞれに特徴がある．インタビューの目的によって，最も適したインタビューの方法を選択すればよい．

調査は，収集するデータの種類に応じて**質的調査**と**量的調査**に分けられる．質的調査では，参与観察や半構造化インタビューを行う．

量的調査では，多くの人々の声を定量的に処理可能となるように収集し，統計分析を適用して，データの統計的特徴を明らかにする．例えばマーケティング担当者が不特定多数の人々の意見を収集する調査は，量的調査となる．得られるデータの詳細度よりも，得られる標本数の多さを重視する調査である．

要求工学における課題抽出や要求抽出では，例えば市場動向を明らかにするのであれば，量的調査を行う必要があるが，特定の要求者の意見を聞き取るのであれば，参与観察を行うか，半構造化インタビューがよい．半構造化インタビューで意味のあるインタビュー結果を得るためには，インタビュイーの回答によって様々な質問ができるように，インタビュアーは，十分な準備を行う必要がある．例えば，インタビュイーの専門領域に関する情報をできるだけ収集し，理解しておく．専門用語やその領域特有の法律などの情報は，予め入手が可能な情報でもある．インタビュアーが，インタビューに先だって専門的な知識を持つことは，インタビュアーがインタビュイーの信頼を得て，対等に話をするために，特に重要である．

7. マインドマップ

インタビュー結果の整理と可視化をするために，マインドマップ[13)]を使える．マインドマップは，有向グラフであり，使い方の自由度は大きいが，主に二つの使い方がある．1つ目は，思いついた事柄を書き留めるための道具として使う．2つ目は，全体を俯瞰しながら整理し，木構造を作っていきながら考えを整理する道具として使う．

中心に位置づけるイメージから発想を広げていき，徐々に詳細に思考を集中させていく点は，段階的詳細化のように見えるが，実際の思考過程は，ランダムである．思考空間を拡げて，全体と部分を見ながら中心のイメージ（セントラルイメージ）から周辺のイメージに向けて枝を広げながらアイディアを書いていくこともできる．

放送大学における IBT (Internet Based Testing) について，放送大学の学生，学生課，学習センター，情報推進課にインタビューを行い，IBT を実施するにあたっての心配ごとと対処を集めた．このような調査は，半構造化インタビューになる．それぞれのステークホルダへのインタビュー内容は以下のものである．

- 学生: IBT と，学習センターでの単位認定試験を比較したときのメリットとデメリットは何か．
- 学生課：IBT の実施で一番気になることは何か．心配ごとを解消するための方策は何か．
- 情報推進課：システムダウンの可能性と対策は何か．

13）マインドマップは，英国 Buzan Organisation Ltd. の登録商標です．

- 学習センター：学生がたくさん受験をするために来たときの準備と，学生が自宅で受験できるようにするための工夫は何か.
- 教員：IBT での心配ごとは何か．不正行為を防止するための方策は何か.

これらの質問によって得られた回答を，マインドマップにまとめた．その結果を図 2.4 に示す.

このマインドマップでは，中心から外縁に向かって，連想の連鎖によって関連づけられた概念が示されている．インタビューはステークホルダごとに行い，それぞれの心配ごとやそれへの対処，好みなどを聞いた．そのため，セントラルイメージのまわりに，各ステークホルダを配置し，それぞれの立場で考えている IBT への意見を，ステークホルダの下に配置した．一度，このように各人の意見が収集できたら，これらの意見に基づいて，リスクとそれへの対処という構造で再構成することもできる．図 2.4 は手描きであるが，ツールを使えば，マインドマップのノードを移動させたり，接続を変更したりすることも容易である.

以下にマインドマップの書き方例を示す.

1)　マインドマップの中央にセントラルイメージを描く.

図では，「IBT」と描かれた少し大きめのノードが**セントラルイメージ**である．ここから思考や発想，整理などの作業が始まる.

2)　セントラルイメージのまわりに，枝を描くための方針を決め，実際に枝を描いていく.

図では，ステークホルダごとに意見を整理するという方針を決めていたので，セントラルイメージには，各ステークホルダへの枝を描いた．セントラルイメージから伸びるこれらの枝をメインブランチといい，その先に接続されるノードを BOI(Basic Ordering Idea) という．BOI は，しばしば本の章だてに相当すると言われる.

3)　BOI の先に，サブブランチを接続し，アイディアを詳細化する.

サブブランチの先に接続されるアイディアは，本の節や項に相当する.

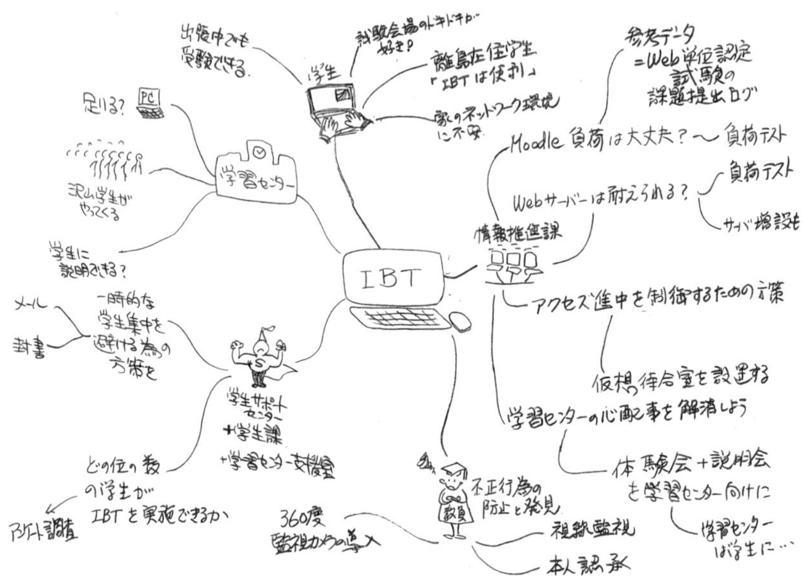

図 2.4　IBT のリスク管理を分析するためのマインドマップの例

粒度などの制約はない，自由な発想でアイディアを追加していく．

マインドマップの枝の末端に書かれた事項に，要求のヒントとなる事項が含まれていることがある．例えば，不正行為を防止・発見するための監視ツールの機能要求が，教員から発せられた意見の中に含まれている．

ステークホルダにインタビューを行って収集した意見をマインドマップに表せば，関係者と共有できるようになる．しかし，マインドマップは要求分析のために作られたツールではない．そのため，ノードの間の関係は書き手の解釈が入ってしまうという欠点がある．インタビュイーと共にマインドマップを作成することで，この欠点は補うことができる．インタビューした結果を可視化し，ステークホルダが相互理解するための技術は次の章で紹介する．

8. まとめ

この章では，ソフトウェアの要求を抽出するための前段の活動として，ステークホルダ分析のプロセスを示すと共に，ステークホルダから得られた結果を可視化する技術としてマインドマップを紹介した．

インタビューは，要求エンジニアがステークホルダを理解するために使える技術である．ステークホルダから話を聞けたら，それを他のステークホルダと共有し，全体の状況を俯瞰し，理解できるようにする．事前に問題領域の情報を収集し，インタビューの目的を明確にするとともに，インタビュイーへの質問項目を列挙するなど，準備を十分行うことで，良質のインタビュー結果を得ることができる．

インタビューの結果に基づいて，ステークホルダの課題を抽出することができる．次の章では，そのための技術を紹介する．

参考文献

(1) ドナルド・C・ゴース，G.M. ワインバーグ（著），木村泉（翻訳）：ライト，ついてますか—問題発見の人間学，共立出版，1987.

(2) 北川由紀彦, 山口恵子: 社会調査の基礎, 放送大学教育振興会, 2019.

(3) トニー・ブザン，バリー・ブザン (著), 神田昌典 (訳): ザ・マインドマップ, ダイヤモンド社, 2005.

研究課題

1) リスキリングとは「新しい職業に就くために，あるいは，今の職業で必要とされるスキルの大幅な変化に適応するために，必要なスキルを獲得する/させること」と定義されている．あなたは，社員のリスキリング活動を支援するためのシステムを開発することになった．リスキリングについて複数の人に半構造化インタビューを行うための質問を5つ作りなさい．
2) 半構造化インタビューの結果に基づいて，リスキリング支援システムが貢献する世界をマインドマップで可視化しなさい．

3 課題抽出

中谷多哉子

第3章では，課題抽出に使われる技術の中から，ソフトシステムズ方法論，ペルソナ分析，ユーザストーリーを解説し，現状を分析して課題を抽出するまでの流れを示す．さらに解決すべき課題を抽出するためにUML(Unified Modeling Language)を用いて現在の状況を可視化する例を紹介する．

1．はじめに

我々が取り組む**問題**状況には，様々な種類がある．この章では，問題状況から解決すべき**課題**を抽出する過程で適用される技術を解説する．

英語では，課題と問題は，いずれもproblemであるが，日本語の場合，課題と問題を区別して使うことがある．この章では，分析の対象を明確にするために，両者を区別して用いる．すなわち，ソフトウェアを開発することで，現在の状況を改善しなければならない状況を問題がある状況と言い，現在の状況を変えるために解決する具体的な対象を課題という．要求は，課題の解決策である．

本章は課題を明らかにするところまでをスコープとする．

ステークホルダが抱えている，あるいは認識している課題は，必ずしも真に解決すべき課題を意味しているとは限らない．それは解決すべき課題の一部でしかなかったり，全く別の課題を解決しなければならなかったりする．したがって，ステークホルダが抱えている問題状況を基にして，真に解決すべき課題を抽出する必要がある．課題が明らかになった後，課題の解決策について考える要求抽出の工程が続くが，それは後続の章で解説する．本章では，要求抽出をする前に，なぜ，課題を明らかにしなければならないのかを明確にするために，ペルソナ分析とユーザストーリーの具体定な例を示しながら解説し，それらの分析結果から課題が抽出される過程を示していく．

2. 問題状況と課題

David Snowden のクネビンフレームワーク (Cynefin framework)[1] では，問題状況が4つに分類されている．すなわち，**単純な**(simple) **状況**，**込み入った**(complicated) **状況**，**複雑な**(complex) **状況**，**混沌とした**(chaotic) **状況**である．

単純な状況
単純な問題状況では，その状況に含まれる課題を解決するための最善の方法が既知である．また，この方法は時間の経過によって有効であり続ける．したがって，単純な問題状況を解消するためには，問題状況に含まれる課題を把握し，分類し，個々の課題に対して公知の解決策を適用すればよい．公知である最善の方法を要求として定義すればよいことから，ウォーターフォール型のソフトウェア開発プロセスを適用できる．

込み入った状況
込み入った問題状況には，複数の問題が互いに依存して存在する．そのため，個々の課題を解消するための対処方法が既知であったとしても，一つの解決策が他の課題の解消を阻害する事態が起こり得る．込み入った問題状況に対処するためには，専門家の判断を仰いで，様々なトレードオフに対する意思決定をする．
専門知識に基づいて要求の優先順位を決定できるであろうが，その妥当性を評価しながらソフトウェアの要求を定義し，開発を進める必要がある．

1) デビッド・スノウドン, メアリー・ブーン, "臨機応変の意思決定手法 —「クネビン・フレームワーク」による—" ハーバードビジネスレビュー (2008/03).

複雑な状況

複雑な問題状況では，その状況に含まれる課題も，それらの解決策も未知である．この問題状況を解決するための策は，後から振り返るまで不明である．また，問題状況は時間の経過によって変化する．ソフトウェア開発のプロジェクトマネジメントは，複雑な問題状況のもとで行われる例である．

複雑な問題状況のもとでは，現状を見極めながら課題を探索し，把握し，対処を繰り返しながら状況の変化を観察するといった作業を繰り返す．**アジャイル開発**や第 1 章で紹介した**鳴門モデル**は，複雑な問題状況に対処するためのソフトウェア開発プロセスであり，要求プロセスである．

混沌とした状況

現状がどのようになっているかも不明であり，したがって，問題も解決策も未知である．突然ゴジラが東京に出現したときのような状況である．被害を最小にすることを最初に検討しなければならない．本章では，このような状況の解消は対象外とする．

実世界が複雑な問題状況である場合，すべての課題を抽出し，その解決策を完全に定義することは困難である．このような作業を行っている間に状況が変わってしまうからだ．そこで，要求エンジニアがステークホルダから最初に教えてもらわねばならないのは，

1)　現在はどのような状況なのか

2)　将来の望ましい状況は，どうあるべきなのか

の 2 点である．

次のページの図 3.1 に，ソフトウェアによって課題が解決され，問題状況が変遷する様子を示した．要求は，現在の状況を将来の望ましい状況に変えるために「課題を解決する」こととして定義される．そして，要求が分析されて要求仕様が定義される．

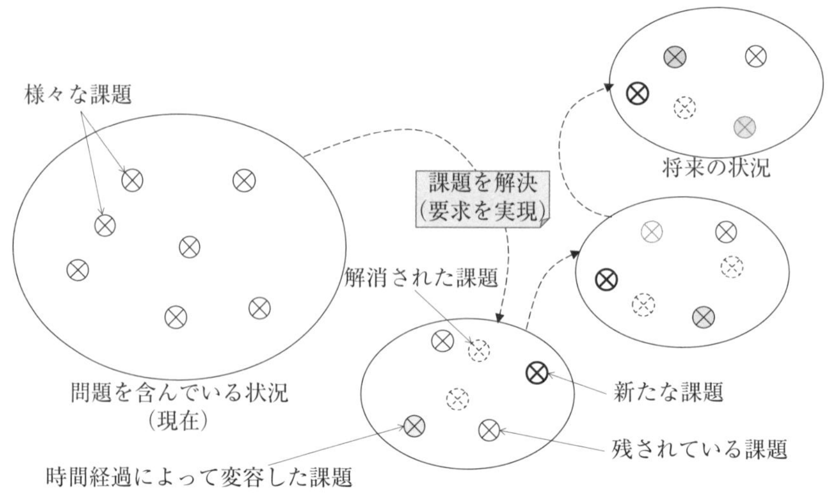

図 3.1　課題解決（要求の実現）と変わる状況

3. ソフトシステムズ方法論

（1）ソフトシステムズ方法論とハードシステムズ方法論

Peter Checkland によって提唱されたソフトシステムズ方法論[2)] (**SSM: Soft Systems Methodology**) は,「解決すべき課題が現在の状況に存在するのではなく，現状は，問題が生じている状況にある」という世界観のもとで，状況を観察しながら，状況の改善活動を継続する方法論である.

ソフトシステムズ方法論に対してハードシステムズ方法論といえるものがある．ハードシステムズ方法論とは,「解決できる課題は解決すべきである」という世界観のもとで課題を定義し，課題を解決する方法論である.

要求工学でソフトシステムズ方法論を適用する目的は，現在の状況をステークホルダが相互理解し，目指すべき将来の状況を共有するために，現在の状況を可視化することである.

2） ピーター・チェックランド，ジム・スクールズ（著），妹尾堅一郎（監訳）：ソフトシステムズ方法論，有斐閣，1994.

(a) リッチピクチャで表された意見

ステークホルダ	意見
渡辺社長	○△$%&'()
鈴木部長	××#$%

(b) 表に表された意見

図 3.2　二種類の社長：どちらの表現が現状をうまく表せるか

(2) リッチピクチャ

リッチピクチャは，ソフトシステムズ方法論で使われるツールである．要求工学では，ステークホルダが認識している問題状況を俯瞰するために適用することができる．リッチピクチャには，ステークホルダと共に，彼らの問題状況や意見，主張を吹き出しで表す．

絵を描く代わりに表形式で表す技術者もいるが，筆者は，絵を描くことを推奨する．表形式では，人物の間の距離や意見の対立，共感，協力関係などを表現することが困難だからである．リッチピクチャであれば，人物を近づけることで，何らかの関係があることを表現できる．また，人の間に○や×を書いたり，人から人に向かって指を指すジェスチャーを描けば，対立関係や共感関係を図示できる．人の顔の表情を描き込むことで，喜怒哀楽を表現することも可能である．絵を描くことによって，ステークホルダに要求プロセスへの興味を持ってもらえることも，リッチピクチャの重要な利点である．

図 3.2 にリッチピクチャに表された社長と，表の中に示された社長を示した．どちらの方が状況を直観的に理解できるだろうか．

図 3.3 に，ある通信制大学の Web 授業を題材にした**リッチピクチャの例**を示した．リッチピクチャに書かれる人々は，ステークホルダである．吹き出しを用いて，人々の言葉も表した．図 3.3 に書かれた吹き出しを見ると，ここに描かれた人々は同じ Web 授業に出席しているにも関わら

図 3.3　ある通信制大学の Web 授業を題材にしたリッチピクチャ

ず，意見が異なっていることがわかる．

それぞれのステークホルダの考えに誤解があるのであれば，できるだけ早くそれを解消しなければならない．リッチピクチャによって，各ステークホルダが捉えている問題状況が，どれほど異なるのかを可視化する．このリッチピクチャを参照しながら，すべてのステークホルダが相互に了解ことを目指す．ここで**了解**とは，「理解したと思うこと」である．了解を理解にまで進めるために，以下のようにリッチピクチャを描き進める．

1)　聞き手が話し手の意見を聞く．

2)　リッチピクチャの吹き出しに，話し手から得た意見を聞き手が書く．このときに書かれる言葉は，聞き手が了解した内容である．したがって，誤解していることもある．しかし，リッチピクチャに書かれることによって，誤りを話し手が指摘できるようになる．

3)　吹き出しに書かれた内容に誤りがあれば，話し手が補足説明をして，2) に戻る

4)　参加者がリッチピクチャの内容に合意したら終了する．

このようなプロセスによって，両者が相互理解に至ったとみなす．リッチピクチャは意見を統一するためのツールではない．意見や信念の対立が起きていることを可視化し，互いの意見を知り，ステークホルダが相互に理解することがゴールである．

次に，これらの吹き出しを元に，次に示す CATWOE を定義して，話者の世界観を分析する．

（3）CATWOE 分析

ソフトシステムズ方法論では，リッチピクチャの他に，**CATWOE 分析**と呼ばれる手法が使われている．CATWOE 分析によって，話者の**世界観**を分析できる．CATWOE における世界観とは，「望ましい状況」として示された状況を，実現すべきだと考えている根拠である．

CATWOE は，Customer, Actor, Transformation process, World view, Owner, Environment の頭文字をとったもので，「きゃっとうー」と読む．

各項目の意味は次の通りである.

C:Customer, カスタマ

カスタマとは, 望ましくない現状を望ましい状態に変えたときに, 影響を受ける人々である. この影響には, 悪い影響と良い影響があってもよい. 例えば, 防犯システムは, 住人にとっては望ましい状況に変えるためのツールであるが, 泥棒にとっては望ましくない状況に変えるためのツールとなる. いずれも防犯システムのカスタマである.

A:Actor, アクター

アクターとは, 次に示すTの変換プロセスを実行する人々や組織である.

T:Transformation process, 変換プロセス

変換プロセスとは,「望ましくない現状を望ましい状態に変換すること」である. ここには,「○○という状況を, ◎◎という状況に変換する」と書く.

W:World view, 世界観

世界観とは, 状況の善し悪しを評価する基準である. Wには, Tを実現するべきであると考える根拠を書く. ここには, 例えば,「Tを実行することで, ◎◎を達成することは重要である. なぜならば△△だからである.」というように書く.

O:Owner, オーナーまたは所有者

オーナーまたは所有者とは, 上記の世界観の持ち主であり, Tを実行すべきであると考えている人である.

E:Environment, 環境

環境とは, 変換プロセスを実施するときの制約である. 環境には, 変換プロセスを規制する制約や, 促進するために必要な資材などを記述する.

CATWOE を作ったら，オーナーに内容を確認してもらう．

世界観を分析することが課題抽出や要求抽出に重要である理由を，例を示して説明しよう．例えば，「ゴミのポイ捨てはやめるべきだ」と言っている人の世界観は「街は綺麗であることは重要だ」かもしれないし，「“ポイ捨ては禁止” が規則である．規則は守らねばならない」かもしれない．これらの世界観で実世界を観察してみると，将来の望ましい状況を作るためになすべきことが異なっていることに気づくであろう．前者であれば，街を綺麗にするためには，ポイ捨てを防止する活動以外にも，ゴミを拾う活動を促進する必要もあろう．しかし，後者であれば，守られていない規則を探したり，あるいは守るべき新しい規則を作る必要があるであろう．このように，同じ意見でも，世界観が異なれば解決すべき課題が変わる．

「ポイ捨てをなくしたい」という記述は，問題状況を表す記述ではない．個人的な思い入れであり，希望である．重要なことは，そう考える根拠を明示することである．この根拠が世界観である．世界観が明らかになれば，望ましい状況に変えるために様々な課題を抽出できるようになる．ただし，誰の世界観に基づいて将来の望ましい状況を実現するかは，ステークホルダ同士の交渉による．交渉に関わるステークホルダを明らかにするために，リッチピクチャに複数のステークホルダを描き出したのである．

図 3.3 のリッチピクチャに書かれていた学生：佐藤さんの言葉に基づいて，CATWOE を定義した．

学生：佐藤さん

意見：「買い物も授業も Web でやれるようになったわ．もう紙で書類やレポートを提出するのって，時代遅れなんじゃないかしら．」
C：学生
A：大学
T：学習がインターネットで完結できない状況を，完結できる状況に変換する．
W：T を実行することで，多くの手間や誤りがなくなることは重要である．なぜならば，手間や誤りの修正に時間を割かねばならないような学習の障害は解消されるべきだからである．
O：ネットワーク環境に慣れている学生
E：ネットワーク環境があり，学生がネットワークのリテラシを持っていること．IT 弱者や IT 環境を整えにくい学生・教職員への配慮がなされていること．

「学習がインターネットで完結できること」は，W に書かれている「学習の障壁が解消されている状況」というゴールを実現するための一つの要求である．すなわち，学生：佐藤さんは，現在の状況を，「学習の障害がある状況」であると考えているのだ．ここから課題を抽出するためには，学習の障害を列挙する．それらの障害が課題となり，障害を解消する手段が学習システムへの要求となる．

4. ペルソナ分析

ペルソナとは，システムが導入される世界で生活をし，ソフトウェアを利用する，架空の個人である．**ペルソナ分析**は，要求エンジニアを含む開発者が，これから開発しようとしているシステムの要求を定義したとき，その要求の妥当性を確認するために使われる．

ペルソナは個人であるため，名前を持ち，年齢や職業を持つ．時には，顔写真（もちろん仮の写真である）が示されることもある．また，個人の特徴を印象づけるために嗜好，生活環境や，生活信条などを自由に定義してよい．ペルソナの属性は，開発者が具体的なペルソナのイメージを持つためのものである．ペルソナ分析では，属性の異なる複数の利用者をペルソナとして定義することもある．

ペルソナという架空の利用者は，“一般的な”利用者ではない．開発するシステムのもっとも重視すべき利用者である．システムの要求を定義するときは，ペルソナにとって，その要求が必要なのかを検討する．利用者が安心してシステムを使い，サービスを利用できるということは，どのような状況であろうか．利用者がシステムを使うことで，精神的な負担や経済的な負担などがない方が望ましいであろう．ペルソナ分析では，次のような質問に答える．

- これはペルソナにとって必要なのか．他に良いものはないのか．
- その使い方は，ペルソナにストレスを与えないか．何がストレスになるのか．それはどうやれば解消できるのか．

このような質問を開発者達が自ら問いかけ，妥当な要求を見つけることが重要である．このような分析には，ブレーンストーミング[3)]やKJ法[4)]，ロールプレイングなどを適用できる．

ペルソナ分析は，特に，要求者としてのステークホルダと直接話をすることができないソフトウェアの開発で使える技術である．例えば，新製品開発や，発注者のビジネスの顧客が使うためのシステムを開発するときに使える．

(1) ペルソナの例

通信制大学の教務システム[5)]を開発するために，先に紹介した学生：佐藤さんの代わりに以下のような具体的なペルソナを定義した．

図 3.4　ペルソナ：佐藤二三子さん (43 才，女性，技術士（情報工学))

- 日常生活：残業時間が多い生活を送っているが，へっちゃらである．日々の新しい発見が生活の糧である．
- 性格：使い勝手に対する配慮のないシステムには辛口の評価を下

3)　日本規格協会, JIS Q 31010(IEC/ISO 31010:2019), 2022.
4)　川喜田二郎: 発想法 改版 - 創造性開発のために, 中公新書, 2017.
5)　学生の学習や教員の教育の効率化，品質向上を実現するためのソフトウェアす傾向がある．

- 趣味：システムの不備を発見することによって，自分の IT に対する感性を磨くこと．
- 大学との関わり：視野を拡げるために学生になった．
- 家族：情報デザイナーの夫と中学生の娘がいる．
- 持論：同じ作業を二度以上ユーザに行わせたり，入力ミスを防止するための仕組みや支援がないシステムを作ってはいけない．
- 世界観：学習の障害は解消すべきである．

佐藤二三子さんを身近に感じられるように，いろいろな属性をペルソナに定義することが重要である．佐藤二三子さんにとって，学習の障害になる手間や誤りが生ずる状況とは何か．佐藤二三子さんの履修登録を例に，日常生活のお話を次に示す．

（2）ユーザストーリー

ユーザストーリーとは，個性を持ったペルソナが，ある場面で，特定の目的を達成するまでの活動を書き記したお話である．本来は，ペルソナストーリーと言うべきかもしれないが，従来からユーザストーリーと呼ばれているため，本章でも慣例に倣ってユーザストーリーと言う．

ユーザストーリーには，一つずつ，ペルソナが行うことを書いて，課題を抽出する．例えば，科目の履修登録申請という場面を考えると，佐藤二三子さんの現在のストーリーは次のようになる．

佐藤二三子さんの現状のユーザストーリー

1) 各科目のシラバスが掲載された授業案内という冊子を手にして，来学期の開講科目を確認する．
2) 科目名，教員，概要から，面白そうな科目をいくつかピックアップし，シラバスを読む．
3) 興味のある科目であれば，その科目が掲載されているページに付箋を貼る．
   課題：パラパラとページをめくっている間に付箋が落ちて，どこに貼ってあったかが分からなくなる．また最初からやり直しだ．
4) 2) と 3) を繰り返し，6 科目程度を履修候補科目とする．
5) 学生の授業評価や友人から聞いた評判などを参考にして，履修候補を 3 科目に絞る．
6) 絞り込んだ 3 科目について付箋を移動し，冊子を閉じても，履修候補科目のページがわかるようにする．
   課題：この付箋も落ちやすい．しかし，選に漏れた科目がどれだったか，次の履修申告のときに覚えていられるだろうか．忘れたら，また最初からやり直しだ．
7) 授業案内で履修を決めた科目の名前と科目コードを参照し，「履修登録申請票」に記入する．
   課題：科目コードの記入誤りがあったらどうなるのだろう．科目コードと科目名とがあわなかったら，私の履修登録はどうなるのだろう．誤りがないように気をつけないといけない．
8) 記入し終わった履修登録申請票を封筒に入れ，切手を貼ってポストに投函する．
   課題：ポストって，駅前にあったかしら．期日までに忘れずに投函しなければならない．忘れないだろうか．
9) 大学から学費納入の払込票が届くのを待つ．
   課題：不要な郵便物と間違えて捨てないように気をつけなければならない．
10) 届いた払込票に従って，学費を払い込む．
   課題：郵便局まで行く時間を作らないといけない．

佐藤二三子さんの世界観は，「学習の障害は解消すべきである」である．

このユーザストーリーの中で，学習の障害を解消するためには，ユーザストーリーに書いた課題を解決する必要がある．佐藤二三子さんはペルソナであるため，このような理解が正しいかを直接確認することはできない．しかし，このユーザストーリーを読んだ開発者達が話し合って，現状の課題を共有できれば，このペルソナの解決すべき課題を理解できたと考えてよい．

以上で，問題の解決策は「教務システムと電子決済システムを導入すること」ではないことを理解してもらえただろうか．佐藤二三子さんは，システムが欲しいのではない．求めているのは，学習の障害になっている手間がかかる作業をしなければならない状況と，誤りが起きてしまう状況を解消することである．両者の違いを明らかにするために，システムを導入した後の状況をユーザストーリーで表した．

佐藤二三子さんの将来のユーザストーリー

1）　履修登録サイトから履修候補カートのサイトを辿り，「将来履修したい科目」に登録されている科目を確認した後，来学期履修してもよい科目を履修候補カートに移動する．
2）　授業案内の Web サイトへ移動し，来学期の開講科目を確認する．
3）　科目名，教員，概要から，興味のある科目をいくつかピックアップし，科目案内を読む．
4）　興味を持てたら，その科目を履修候補カートに追加する．
5）　3) と 4) を繰り返す．
6）　履修候補カート内の各科目のサイトで，学生の授業評価や友人から聞いた評判などを参照し，履修候補カートの科目を 3 科目に絞る．
7）　候補外にした科目の中から，後で履修を検討したい科目を「将来履修したい科目」に追加する．
8）　履修候補カートのサイトで科目を確認した後，履修を申請する．
9）　後日，大学から送られてくる学費納入依頼のメールの指示に従って，電子決済を完了する．

このユーザストーリーを実行できるような機能がシステムにあれば，学習の障害があるという佐藤二三子さんの問題状況を解消することが出来る．少なくとも，文字や数字を入力する機会はないため，誤ったデータを入力することはなくなる．

上記の「... する」を「... できること」と書けば，システムへの要求を定義できるが，ペルソナの期待どおりのシステムになるかどうかは，実際にどのようなユーザインタフェースを提供するのかに依存する．例えば，ペルソナの世界観を満足するためには，運用操作性とユーザエラー防止性などを含む高い**使用性**を満足する必要があろう．色使い，文字の大きさ，配置，操作の流れなど，使用性で検討すべき事項は多い．ユーザインタフェースについては，第 12 章と第 13 章で解説する．

ユーザストーリーから，このペルソナの要求を抽出したように，このペルソナが学生として教務システムと関わる他のペルソナのユーザストーリーを定義すれば，そこから異なる要求を抽出できる．科目を選ぶ手間を省略するために，お勧め科目が予めカートに入っていることを求めるペルソナがいるかもしれない．ユーザストーリーはシナリオの一種[6)]である．どのようにシナリオから要求を抽出するかは，第 4 章で解説する．

また，ユーザストーリーから様々な要求を抽出できたとしても，実際にそれらが要求仕様書に書かれる要求になるとは限らない．ソフトウェアの開発には予算，スケジュール，技術などの制約があり，できあがったソフトウェアを導入する人や組織でステークホルダの交渉が行われ優先順位がつけられるからである．ステークホルダの**交渉（ネゴシエーション）**については，第 7 章で詳説する．

5. UML を用いた現状の可視化

情報の可視化は，開発者同士の対話や相互理解だけでなく，開発者と要求者との相互理解にも重要である．ここで情報とは，処理されるデータを指すのではなく，システムが導入される現場の環境や習慣，慣例，制約などである．

UML（Unified Modeling Language）は，様々なモデルの表記法として開発された[7)]．当初は，オブジェクト指向によるソフトウェア開発で，技術者のコミュニケーションを円滑に行うために開発されたが，現在はビジネスモデルやハードウェアを含めたシステムの動作などを表記するためにも使われている．ここでモデルとは，特定の視点で対象を観察した結果を抽象化して図式表現したものである．モデル化とは，一般にモデルを作る作業を指す．特に要求工学では，ステークホルダの暗黙知や実世界に存在する事物や事象を，他者に伝えるためにモデルを作る．課題抽出で作られたモデルは，要求仕様書に取り込まれ，後続の開発工程を担当する設計者に，要求エンジニアが理解した実世界を伝える役割を

6）ユーザストーリーはペルソナのシナリオである．一般的なシナリオは，特定のペルソナに依存しない．

7）マーチン・ファウラー: UML モデリングのエッセンス 第 3 版, 翔泳社, 2005.

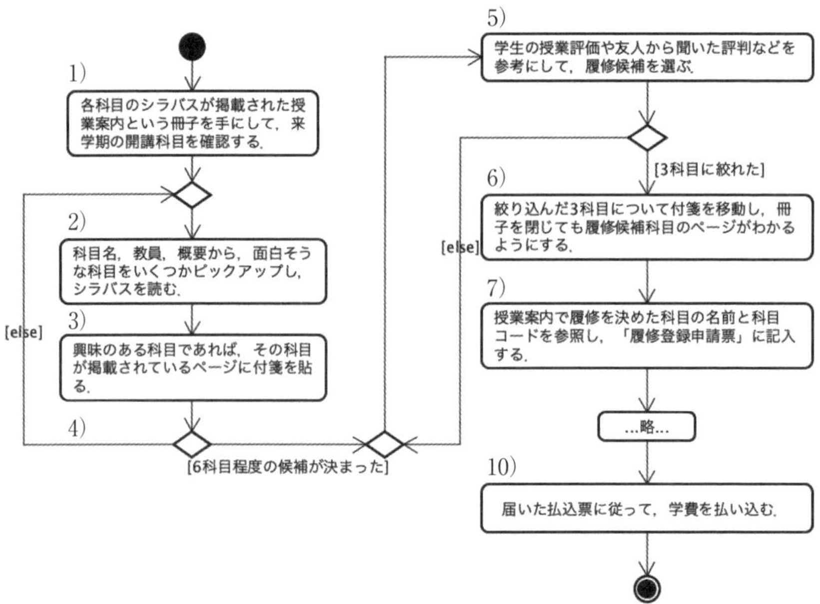

図 3.5　科目登録申請のユーザストーリーに対応するアクティビティ図

もつ.

UML のモデルの中から，特に要求工学の課題抽出という場面で使えるモデルを以下に紹介する.

アクティビティ図

人の活動を時系列で表すモデルである．アクティビティ図として表記されたモデルは，ワークフローや作業プロセスと呼ばれることもある．アクティビティ図を用いることによって，作業の複雑さや煩雑さ，役割分担の課題を抽出することができる．また，将来のあるべき作業の流れを表すことで，ソフトウェアの要求を抽出することができる．先に示した履修登録申請における現状のユーザストーリーをアクティビティ図で描いた例を，図 3.5 に示す．四角形は人の活動を表し，矢印が活動の流れを表す．また，菱形は意思決定の開始や終了を表す．カギ括弧で囲まれた文字列はガード条件と呼ばれており，意思決定の内容が示されている．ガード

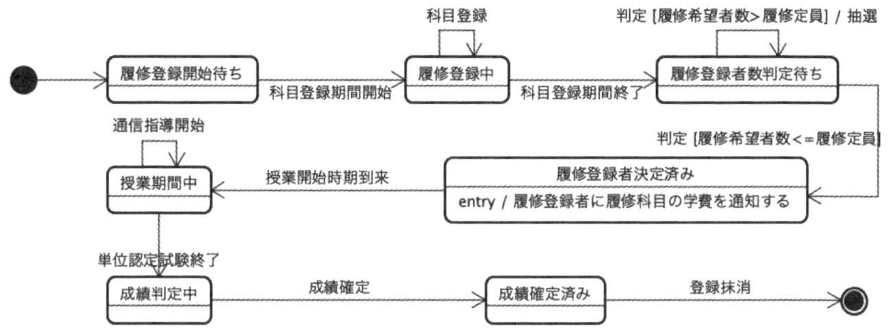

図 3.6　「科目」の状態と状態間の遷移を表したステートマシン図（一部省略）

条件の内容が真であれば，矢印を辿って次の活動が始められる．途中の活動を省略しているが，同様の方法で，佐藤二三子さんの将来の活動の流れをアクティビティ図で表せば，システム導入の前後の作業の流れを視覚的に比較できる．

ステートマシン図

モノの状態と状態の移り変わりを表すモデルである．機器やソフトウェアといったオブジェクトが，人の操作や信号を受信したとき，状態がどのように変わるのかを表せる．または，状態の変化をどのような粒度で観察するべきかを視覚的に示すこともできる．図 3.6 に，履修登録から成績判定までをスコープとしたとき，科目オブジェクトの状態がどのように遷移するかを，ステートマシン図で表した．

四角形はオブジェクトの状態を表し，矢印は状態の遷移を表す．状態の遷移には，イベントとガード条件，および遷移中に行われる動作が表されている．例えば，「判定 [履修希望者数>履修定員]/抽選」は，「判定というイベントが生じたとき，履修希望者数が履修定員より多いというガード条件が成立するのであれば，抽選という動作を実行する」という意味になる．

クラス図

モノと，モノの間の関連を用いてモノの構造を表すモデルである．

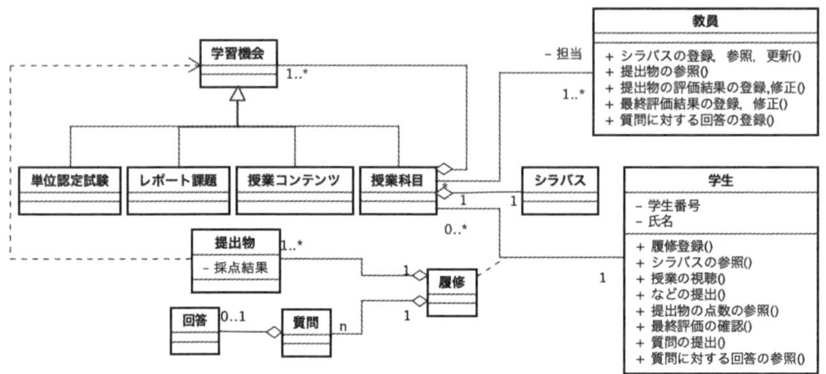

図 3.7　学生と科目の間の関係を表したクラス図（現状）

モノの構造を可視化することで，要求を抽出することができる．例えば，学生が複数の科目を履修するために，学生にはどのような操作ができるのか．教員にはどのような操作が許可されているのかを考えることができる．必要な操作やアクセス権限を検討するためには，モノの構造を表したモデルが必要である．学生と科目の間の関係を中心に表したクラス図を図 3.7 に示した．四角形はクラスを表す．三角形は継承を表し，菱形は集約を表す．クラス図の詳細は，文献[3] を参照されたい．ただし，図 3.7 は科目に関連づけられたクラスの一部を表したものである．文献[3] を参照して，省略されている部分を補うことは，読者への宿題とする．このクラス図で表された世界の履修オブジェクトの構造では，学生が履修候補を検討しているときに行う付箋を貼ったり剥がしたりする操作を管理できない．

6. まとめ

本章では，ステークホルダの問題状況を相互理解するための手段として，リッチピクチャと CATWOE を解説した．これらによって，ステークホルダの世界観を明らかにできる．世界観を明らかにすることが，ステークホルダの要求や課題を聞き出すよりも重要であることも説明した．

CATWOE を定義すれば，将来の望ましい状況とそれを求める根拠を定義できる．将来の望ましい状況をトップゴールとして，ゴール指向分析を適用すれば，そのような状況を実現するために必要なサブゴールを明らかにできる．そして，最終的には，トップゴールを実現するために必要な要求を，抽出することができる．詳細は，本書の第 5 章以降で解説するゴール指向分析の章で学習を進めてもらいたい．

参考文献

(1) アラン・クーパー：コンピュータは，むずかしすぎて使えない！, 翔泳社, 2000.
(2) Jeff Patton: ユーザーストーリーマッピング, オライリー・ジャパン，2015.

研究課題

1) リスキリング活動支援システムのステークホルダとして，あなたの考えを次の各項目を埋めて整理しなさい．
   - あなたが担うステークホルダの役割 (Owner)
   - リスキリング活動支援システムが改善すべき現在の状況（T_pre)
   - リスキリング活動支援システムによって実現すべき将来の望ましい状況 (T_post)
   - 状況が変わることで正の影響を受ける人 (Customer1)
   - 状況が変わることで負の影響を受ける人 (Customer2)
   - 状況を変えるために貢献する人 (Actor)
   - 上記の状況を変革する必要があると考える根拠 (World View)
   - 変革を行う上で考慮すべき制約 (Environment)
2) 図 3.5 に示したアクティビティ図を参照して，教務システムによって支援されるようになり，かつ，電子決済を行えるようになった場合のアクティビティ図を作成しなさい．
3) 上記 2) で作成したアクティビティ図を，図 3.5 と比較すると，どのようなことが明らかになるかを考察しなさい．

4 シナリオを用いた要求抽出技法

大西　淳

シナリオはソフトウェア利用者とソフトウェアシステムの時系列に沿った振る舞いを表すことができる．シナリオはコンピュータの非専門家にとって理解しやすく，振る舞いの妥当性を確認しやすい．本章では，シナリオとそれを用いたソフトウェア要求抽出技法について紹介する．

1. シナリオとシナリオ言語

シナリオとは，広辞苑によれば「映画・放送などで，場面の順序，俳優の台詞・動作などを記した台本．脚本．」とあり，一般には映画やドラマの脚本といった意味で用いられている．本書でのシナリオとは，「ユーザが目標を達成するために行う活動と，そこから得られる事象（システムの振る舞いを含む）を，時系列に沿って記述したもの」であり，ある状況に限定したシステムの具体的な利用例（ユースケース）を表すことができる．シナリオは，システムの使用法や手順をユーザの視点に沿って表すのに向いており，自然言語で表現されたシナリオは計算機科学の専門家にとっても，非専門家であるユーザにとっても理解が容易である．このため振る舞いの問題点をユーザが発見して，指摘できる．特にユーザとシステムの間でのインタラクションが存在する対話型のシステムの開発時に有用である．第3章で紹介した**ユーザストーリー**もシナリオの1種である．

シナリオには，(1) 一般的な手段で目標を達成するための**正常シナリオ**と (2) 目標は達成するが一般的な手段ではない手段を用いる**代替シナリオ**と (3) 異常事態が生じた場合の振る舞いを表す**例外シナリオ**がある．正常シナリオは思いつきやすいが，システムの振る舞いを明らかにする

> タカシは今朝財布の中身が少ないことに気づき，お昼休みに昼食のついでに銀行に寄って，現金を下ろすことにした．
> お昼を済ませ，銀行に行ってみると，数人が並んでおり，列の後ろについた．
> しばらくすると，自分の番になったので，ATM の前に立った．
> メニューから，「現金引出し」のボタンを押すと，「銀行カードを入れてください」というメッセージが表示された．
> 銀行カードを投入すると，「暗証番号を入れてください」というメッセージが表示された．
> 暗証番号を入れると，「引出し金額を入力してください」というメッセージが表示された．
> 金額を入れると，金額の確認メッセージが表示された．
> 「確認」ボタンを押すと，現金が取出し口に排出された．
> 現金を受け取り，財布にしまった．
> 「終了」ボタンを押して，操作を終え，会社に戻った．

図 4.1　ATM での現金引出しシナリオ．

には例外シナリオや代替シナリオが必要となる．一般に 1 つの正常シナリオに対して複数の例外シナリオや代替シナリオが存在する．シナリオは分かりやすい反面，例外シナリオや代替シナリオなしには，システム全体の振る舞いが明らかにならない．例外シナリオの考慮漏れから，異常時にシステムが対処できなくなり，システムのダウンに繋がってしまうことが起こりうる [1]．

シナリオを記述するための言語を**シナリオ言語**という．一般にシナリオは日本語や英語といった自然言語で記述されることが多い．

（1）シナリオ例

銀行の ATM での現金引出しのシナリオを例にとって図 4.1 に示す．このシナリオでは現金引出しのために，ATM でどういった操作を行ったのかが時間の流れに従って示されている．このシナリオでのユーザ（**ア**

ATM で現金を引き出した.

図 4.2　抽象的な ATM 引出しシナリオ

クター）はタカシであり，ユーザの目標は ATM での現金引出しである．なぜ引き出すのかといえば，財布の中身が少ないためである．ユーザと ATM とのやりとりは，『メニューから，... 操作を終え』に示されている．

（2）シナリオの表現手段

シナリオを表現する代表的な手段としては

1) 自然言語による物語
2) 自然言語による箇条書き（ユースケース記述）
3) 4 コマ漫画のようなストーリーボード
4) 絵
5) 動画像
6) アクティビティ図
7) 状態遷移図
8) フローチャート
9) 形式言語
10) 制限言語
11) プロトタイプ

などがある [1]．非専門家であるユーザに理解してもらう場合は 1)～5) のような非形式的な手段による表現を用いたり，後述する制限言語やプロトタイプを試用してもらうと良い．一方，専門家の場合は，6)～9) のような形式的な表現の方が正確に理解できる．

自然言語で表現されたシナリオは非専門家でも分りやすい反面，抽象的なシナリオでは具体的なやりとりが分らないという問題点がある．ATM での引出しを例にとると，図 4.2 ではユーザの操作は抽象的すぎてわからない．

自然言語によるシナリオでは，詳細に記述することも，抽象的に記述することも記述者の意向に任せられるので，場合によっては抽象的すぎてシステムの振る舞いを知るには役に立たないシナリオができてしまう場合もある．またシステムの振る舞いとは関係のない記述（例えば，図 4.1 では「財布の中身が少ないことに気づき」や「お昼を済ませ」などは ATM の振る舞いとは関係がない）がシナリオに含まれてしまうことがある．

（3）ユースケース記述によるシナリオ

オブジェクト指向開発で用いられるモデルの一つとして**ユースケース記述**がある [2,3]．シナリオと同様にユーザとシステムのやり取りや振る舞いが時系列に沿って記述されるが，正常シナリオに相当する**主シナリオ**と例外シナリオや代替シナリオに対応する**拡張シナリオ**が 1 つのユースケース記述として表される点が異なる．ユースケース記述に書かれるべき要素を以下に示す．

ユースケース名:　ユースケースの名称
アクター名:　そのユースケースの利用者
事前条件:　ユースケース開始前に満たされるべき条件
イベントフロー:　正常シナリオを表す主シナリオと，代替シナリオ・例外シナリオを表す拡張シナリオに大別される
事後条件:　ユースケースが正常に終了した場合に満たされるべき条件

図 4.3 に ATM での現金引き出しのユースケース記述を示す．シナリオと同様にユースケース記述はユーザとシステムのインタラクションを具体的に記述できるので，ユースケース記述の妥当性をユーザに確認してもらうことができる．この図の例では，暗証番号を 3 回間違えた場合でも，取引は終了されない点や引き出し額が妥当でない場合に銀行カードが手元にもどってこないまま取引が終了してしまうといった問題点を指摘できる．開発者はシナリオを通して簡単な**ユーザインタフェースプロトタイピング**を実践できる．

ユースケース：銀行 ATM での現金引き出し
アクター：顧客
事前条件：顧客は有効な銀行口座と銀行カードを持っている
イベントフロー：
主シナリオ
1. 顧客は初期画面から ATM の引き出しボタンを押す
2. 顧客は ATM に銀行カードを挿入する
3. ATM は銀行カードから銀行支店番号と口座番号を読み取り，銀行システムに有効性を確認する
4. 顧客は暗証番号を入力する
5. 顧客は引き出し額を入力する
6. ATM は銀行システムに該当口座で引き出し可能かどうかを確認し，可能の返事と引き出し後の残高を受け取る
7. ATM は銀行カード，現金，残高を印刷した明細を出力する
8. ATM は取引を終了し，初期画面に戻る
事後条件：顧客は現金と銀行カードを持っている．口座の残高は引き出した額だけ減っている．

拡張：
3a. 銀行カードが無効である
3a1. ATM は銀行カードを排出し，取引を中止する
4a. 暗証番号が誤っている間，以下を繰り返す
Loop
　4a1. ATM は暗証番号の再入力を求める
　4a2. 顧客は再度暗証番号を入力する
　4a3. if 暗証番号が正しい場合，loop を抜ける endif
　4a4. if 繰り返し回数が 2 回を超えた場合，ATM は銀行カードを回収し，警告メッセージを表示する endif
end loop
6a. 引き出し額が妥当でない
6a1. ATM は引き出し額が妥当でない旨を表示し，取引を終了する

図 4.3　ATM 引出しのユースケース記述

(4) 制限言語によるシナリオの記述

自然言語によるシナリオの記述では記述しやすく，また内容を理解しやすいといった利点がある一方，抽象度が高すぎると具体的なやりとりが分からないという欠点があると述べたが，利点を損なうことなく，問題点を解消するのが**制限言語**(Controlled language) を用いてシナリオを記述する方法である．

制限言語とは，言語の表現範囲 (文法や語彙) を制限し，表現対象を限定し，解釈を一意あるいは容易にする，さらには計算機での処理を容易にする目的で制限を課した言語を指す．

自然言語と異なり，用いることできる名詞や動詞を制限し，文法も一部に限定した言語であり，語彙や文法を制限することから制限言語と呼ばれる．

その利点としては

1)　特定の機能や振る舞いを端的に・単一の形式で記述できる．
2)　単語や文章の意味のぶれを抑えることができ，あいまいさを排除できる
3)　目的や動作の粒度を揃えることができ，書くべきでない振る舞いを書きにくくすることができる

といった点が挙げられる．

図 4.1 での ATM での現金引き出しの例に取ると，「気づく」という動詞や「お昼」という名詞を利用しないという制限を設けることによってシステムの振る舞いと無関係な記述を書けなくすることができる．また「引き出す」という動詞を利用しないという制限により，抽象度の高すぎる記述を書けなくすることができる．

一方，「選択する」，「入力する」，「受け取る」，「表示する」，「出力する」といった動詞や「利用者」，「初期メニュー」，「銀行カード」，「(□□の) ボタン」，「(『○○』という) メッセージ」，「金額」，「暗証番号」，「取出し口」といった名詞だけは利用できるとすることによって，ATM での現金引出しのシナリオを図 4.4 のように記述できる．(□□や○○はボタンやメッセージを修飾する任意の文字列とする．)

ATM は初期メニューを表示する.
利用者は初期メニューから,「現金引出し」のボタンを選択する.
ATM は,「銀行カードを入れてください」というメッセージを表示する.
利用者が銀行カードを入力すると, ATM は,「暗証番号を入れてください」というメッセージを表示する.
利用者が暗証番号を入力すると, ATM は,「引出し金額を入力してください」というメッセージを表示する.
利用者が金額を入力すると, ATM は,「金額の確認」というメッセージを表示する.
利用者が「確認」のボタンを選択すると, ATM は, 現金を取出し口に出力する.
利用者は現金を受け取る.
利用者は「終了」ボタンを選択する.

図 4.4　制限言語による ATM での現金引出しシナリオ.

図 4.4 では自然言語の特長である読みやすさを損なうことなく, システムとユーザの振る舞いがシナリオに記述されている.

(5) シナリオ記述言語 SCEL

SCEL (SCEnario Language) はシナリオを記述するための制限言語である [1]. SCEL を用いて記述されたシナリオは, タイトル, 事前条件, 事後条件, **視点**, イベント列から構成されている. タイトルは, そのシナリオが示す, システムの目標や機能を示す日本語記述 (シナリオの目的) である. 事前条件はシナリオが最初に始まるときに真でなければならない条件であり, 事後条件はシナリオが終了するときに真でなければならない条件である. 視点はイベントの動作主体を表しており, 優先順位をつけることができる. 優先度の高い動作主体がイベントの主語となる. イベント列は視点で示された動作主の振る舞いを時系列に沿って並べたものである. 時系列として

1)　順接
2)　選択 (if...then...else...)
3)　繰返し (do...until...)
4)　並行動作 (AND-fork, OR-fork, XOR-fork)
5)　同期 (join)

を明示できるが，多くの場合は「順接」であり，時系列を特に明記しない場合は順接を表す．

SCEL による新幹線の座席予約シナリオの例を図 4.5 に示す．

タイトルには「お客による 現金を用いた 窓口における 新幹線の座席の 予約 (正常)」とあるが，誰が（お客），どこで（窓口），何を（新幹線の座席），何を用いて（現金），何をする（予約）といった情報と，正常シナリオ（一般的な手段で新幹線の座席を予約するという目標が達成されるシナリオ）であることが示されている．

事前条件は「お客は 乗車券を 持っていない」であり，シナリオ開始前の条件を示している．事後条件は「お客は 乗車券を 持っている」であり，シナリオが終了した時点での条件を示している．

視点は「駅員，お客，端末」であり，これら 3 種類の名詞が動作主体となり得ることを表しており，優先度は駅員，お客，端末の順に高いことを示している．各イベントの主語はこれら 3 つの名詞のいずれかであり，これらのうち 2 つ以上の名詞が 1 つのイベント文に含まれる場合は，優先度の高い名詞が主語となる．

イベント列は，「駅員，お客，端末」のいずれかが主語となっているが，優先度の一番高い「駅員」の視点に立ったシナリオとなっている．これらのイベント列から抜けているイベントがないかどうか，また順番のおかしなイベントがないかどうかをチェックすることで，シナリオによる振る舞いの確認ができる．

この例では，お客から料金を受け取る前に乗車券を発券しているが，料金受け取り後に乗車券を発券することが正しいのであれば，イベントの順序誤りと判断できる．また乗車券以外に座席指定特急券を発券すべきであれば，そのイベントが抜けていると判断できる．

【title:お客による現金を用いた窓口における新幹線の座席の予約 (正常)】
【viewpoint:駅員，お客，端末】
【pre_cond:お客は 乗車券を 持っていない】
{
駅員は 希望の列車情報を お客から 聞く.
駅員は 希望の列車情報を 端末に 入力する.
端末は 希望の列車情報を用いて 該当する列車を 中央コンピュータに照会する.
駅員は 端末を通して 照会結果を 確認する.
駅員は 照会結果を お客に 見せる.
お客は 照会結果から 乗車希望の列車を 選択する.
駅員は 選択された列車情報を 端末に 入力する.
端末は 選択された列車情報を用いて 空席状況を 中央コンピュータに問い合わせる.
駅員は 端末を通して 空席情報を 確認する.
駅員は 空席情報を お客に 見せる.
お客は 空席情報から 座席番号を 選択する.
駅員は 予約情報を 端末に 入力する.
端末は 予約情報を 中央コンピュータに 送信する.
駅員は 端末から 乗車券を 受け取る.
駅員は お客に 金額を 伝える.
駅員は 料金を お客から 受け取る.
駅員は 乗車券を お客に 渡す.
}
【post_cond:お客は 乗車券を 持っている】

図 4.5　SCEL による新幹線座席予約シナリオ

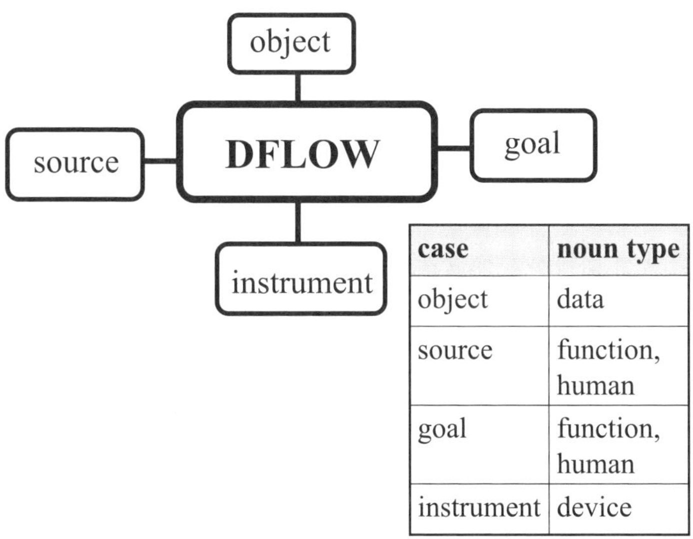

case	noun type
object	data
source	function, human
goal	function, human
instrument	device

図 4.6　概念 DFLOW(データの流れ) の格フレーム

表 4.1　要求文の解析結果

イベント文「駅員は 希望の列車情報を お客から 聞く.」

動作概念： DFLOW

動作対象格	源泉格	目標格	道具格
希望の列車情報	お客	駅員	** 不明 **

【title:お客による現金を用いた窓口における新幹線の座席の予約 (正常)】
【viewpoint:お客】
【pre_cond:お客は 乗車券を 持っていない】
{
お客は 駅員に 希望の列車情報を 渡す.
お客は 駅員から 照会結果を 受け取る.
お客は 照会結果から 乗車希望の列車を 選択する.
お客は 駅員から 空席情報を 受け取る.
お客は 空席情報から 座席番号を 選択する.
お客は 駅員から 金額を 受け取る.
お客は 駅員に 料金を 渡す.
お客は 駅員から 乗車券を 受け取る.
}
【post_cond:お客は 乗車券を 持っている】

図 4.7　お客を主体とした座席予約シナリオ

シナリオのイベント文は単一の動詞しか含まない．また各動詞は固有の**格構造**を持っている．例えば「送る」,「渡す」,「受け取る」といった動詞はデータの流れに対応する動作であるが，図にデータの流れ（DFLOW と名づけている）とその格を示している．データの流れには 4 つの格（役割）が用意されており，源泉格はデータを送り出すものを，目標格はデータを受け取るものを，動作対象格は流れるデータを，道具格はデータを流す際に用いる装置をそれぞれ表している．データの流れに関するイベント文は，この格構造に基づいて解析される．

「駅員は 希望の列車情報を お客から 聞く」を解析すると表のようになる．

一旦，表のような内部表現に変換後に，特定の格を主語とするイベント文を生成できる．源泉格である「お客」を主語とすると「お客は駅員に希望の列車情報を渡す」というイベント文を生成できる．

元のシナリオから,「お客」だけを視点としたシナリオに変換した結果を図 4.7 に示す. 元のシナリオで「お客」を含むイベント文は「お客」を主語とした表現に変換され,「お客」を含まないイベント文は削除されている. このような視点変換を行うことによって,「お客」を含まない「端末」や「システム」の振る舞いは削除されるため,「お客」がどうのように振る舞うのか分かりやすいシナリオが得られる. このようなシナリオを用いると,「お客」の立場から「お客」のなすべき振る舞いの妥当性を容易にチェックできる.

2. シナリオによる要求抽出

ここでは制限言語で記述されたシナリオを用いた要求抽出技法を紹介する.

1) 最初に現状業務（システム化された業務でも, 手作業の業務でも構わない）における動作主体を明らかにする.
2) それらの動作主体を主語とする現状の正常シナリオを記述する. 正常シナリオが複数ある場合は, 代表的な正常シナリオをいくつか記述する.
3) シナリオ中のイベントで用いた動詞と名詞からシナリオ記述の語彙を決める. その際必須で無いと思われる修飾語は削除する. また同義語は代表する用語に統一する.
4) 動詞の格構造（文法）を決める.
5) 決定した文法と語彙から逸脱しないように, 再度, 現状システムの正常シナリオを記述する.
6) 現状システムの問題点や改善点を洗い出す
7) 改善すると効果の大きい問題や多くの人が解決してほしいと望んでいる問題などを洗い出す
8) 洗い出した問題点や改善点を評価して 3 つ程度に絞り込む. 評価基準としては, 有用度（多くの利用者にとって役に立つか？）, 実現可能性（現状の技術で簡単に・コストや労力をかけなくても実現できるか）, 使い勝手（使いやすくなるか？）などを採用する.

9)　改善点を反映した将来システムの正常シナリオを記述する

シナリオを制限言語で記述するにあたり，どうしても制限を緩和 (語彙の追加など) する必要が生じたら，適宜追加や修正を加えても構わない．

将来システムでは，現状と異なる動作主体が出現する場合がある．現状システムと将来システムの機能上の違い，提供するサービス上の違い，動作主体の違いを把握したうえで，将来システムの基本的な使用事例を考え，正常シナリオを記述する．

将来システムの正常シナリオでは問題点や改善点が本当に解決されているかどうかを確認する．

正常シナリオが明らかになれば，代替シナリオや例外シナリオも検討する．

参考文献

(1) 大西　淳・郷　健太郎『要求工学』，近代科学社，2002.

(2) アリスター・コーバーン (山岸ほか訳)『ユースケース実践ガイド』，翔泳社，2001.

(3) ゲリ・シュナイダー，ジェイソン・ウィンターズ (羽生田監訳)『ユースケースの適用：実践ガイド』，ピアソン・エデュケーション，2000.

研究課題

美術館の入場予約業務のシナリオ化と要求抽出

1)　以下に示す「美術館の入館予約業務」という具体事例を元に，上で紹介した手順に従い，現状システムの正常シナリオと改善点から将来システムの正常シナリオを書いてみよう．

2)　この業務には，様々な制約や不便な点がある．これから新しい入館予約と入場券購入サービスを提供するとしたら，どのようなサービスを提供すればよいか．現状のシステムが抱える課題を自身で提案し，課題を解決した新しいサービスを提供するシステムのための要求[1)]を，要求抽出プロセスに従って抽出しなさい．

1)　※この研究課題では，要求の対象をソフトウェアシステムに限定してはいない．利用者とサービス提供者を含む社会のシステムを考えても良い

3)　この例題でのステークホルダとして，「美術館の入場者」はすぐに思いつくが，美術館の窓口業務や予約業務の従事者もステークホルダとなりうることに注意しなさい．入場者のみをステークホルダとすると，入場者に偏った要求のみが得られてしまう．今回の例題にあるような予約業務だと，入場する立場からの要求として，「変更やキャンセルは随時可能としたい」，「割引対象であることが分かった時点で予約を変更したい」といった，入場者が望む要求だけが獲得される恐れがある．実際には運営上や管理上の立場からの要求も獲得されるべきなので，利用者以外のステークホルダからの要求も獲得できるように，それぞれの立場からのニーズを反映したシナリオを記述しなさい．

4)　第 1 ステップとして，現状の予約業務を思い浮かべてみなさい．窓口での予約でも，ネットでの予約形態でも構わない．複数の形態の場合はそれぞれの形態ごとに，どういった動作主体が関わるか，先ほども触れたが，利用者以外の動作主体も考えてみなさい．

付録: 美術館の入館予約業務

ある美術館では，特別展の開催に伴い，入館の予約と入場券の購入サービスを実施している．
入館希望日の 1 か月前の午前 10 時の開館開始時刻より午後 5 時の閉館時刻までの 1 時間単位で入場枠として 100 名ずつが予約対象枠として設定されている．

【入場予約と入場券の購入】: 利用者はシステムが提示する日時と時間帯から利用可能な希望の枠を選択し，入場者の内訳（大人○名・子供○名）を設定する．ただし一度に設定できるのは 10 名以内である．選択後，購入のページに移動する．利用者の氏名，連絡先電話番号，e-mail アドレスを入力する．次にクレジットカードの番号，PIN，有効期限を入力する．カードの有効性が確認されると，入場券の QR コードと，受付番号が表示される．QR コードを含む入場券情報は e-mail アドレスにも送られる．

【入場券の利用：】予約した日時に入り口で QR コードを提示する．

【入場日時の変更：】予約した日時の 1 日前までであれば，受付番号と e-mail アドレスでログインし，日時の変更が（変更希望の枠が利用可能な場合は）できる．

【入場券のキャンセル:】予約した日時の 1 日前までであれば，受付番号と e-mail アドレスでログインし，キャンセルができる．ただし，入場券 1 枚あたり 200 円の取消料が発生する．

【入場券の有効期限：】入館指定の時刻が終了した時点で，未使用の予約した入場券は当日に限り当日券として扱われる．翌日以降は無効となる．当日券での入場は，混雑時には待たされることがある．

【割引対象：】学生割引や団体割引は入場券販売所で当日券を割引価格で購入できるが，予約はできない．また混雑時には入場を待たされる場合がある．

5 ゴール指向分析手法（1）

海谷 治彦

ソフトウェアに限らず機械を含めた人工物を我々の生活や業務等の活動に導入する理由は以下である．(1) 現状では達成されていない活動中のゴールを達成するため．(2) 活動中のゴールをより良く達成するため．ゴール指向分析手法は，このゴールの達成を軸として，ソフトウェアが担うべき機能や特性を明確にする手法である．本章では，このようなゴールとソフトウェアの機能や特性との関係を明確にする手法をKAOSという具体的な手法を通して学ぶ．

1. ゴールとは

旅人が大河を目前とした際，「この川を，いつでも，安全に，早く渡りたい」という願望を持つだろう．このような，人々の生活や業務において，達成したい願望がゴールである．もし，その川岸に，渡し舟が存在するのであれば，ゴールの一部は達成されるが，達成されない部分もありうる．例えば，渡し舟が深夜に運行されていないのであれば，ゴールの一部である「いつでも」という部分は達成されないだろう．加えて，渡し舟という人工物は，それ単独でゴールを達成しているわけでなく，漕ぎ手や天候等の他の要因と力を合わせてゴールを達成している．また，川を渡りたいというゴールを達成するためには，橋をかけるという別の手段も考えうる．

ソフトウェアについても同様のことが言える．例えば「新幹線の座席をいつでも，どこでも予約したい」というゴールは，昭和の時代には達成が困難であった．しかし，現代では，ウェブアプリケーションの予約システムと，モバイルネットワークによって，このゴールは達成が可能となっている．

Axelによると，**ゴール**は，以下のように分類することができる[1)]．

振る舞いのゴール

- Achieve: 生活や業務等の活動において，達成したい条件.
  例 「会議を予定したい」,「決済したい」,「航空券をキャンセルしたい」
- Maintain: 活動において，ずっと維持し続けたい条件.
  例 「列車間の間隔を一定距離以上にしたい」,「注文量を在庫以下に保ちたい」
- Avoid: 活動において，決して陥ってはいけない条件.
  例 「一つの座席を複数顧客に販売しないようにしたい」,「更新と参照を同時に行わないようにしたい」,「一定区間内に複数の列車を同時に走行させないようにしたい」

ソフトゴール: 副詞に相当する条件．振る舞いのゴールを修飾し，達成の度合いを指定する条件.「ソフト」という名前の由来は，条件の達成基準に明確な線引きができないことである.
例 「いつでも」,「どこでも」,「安全に」,「操作ミスを最小限に」

振る舞いのゴールから，KAOSでは，生活や業務等の活動が行われている世界を，いくつかの条件がシステムや利用者等の行為によって変化する機械としてとらえている．ソフトゴールは，条件の変化や維持の程度の規定に用いられている．条件は生活や業務中の変数によって表現できる場合が多い．例えば，会議が予定されている/されていない，キャンセルできた/できない等の単純な真偽値の変数や，列車間の間隔，注文量，座席数等の数値で表すことのできる変数である.

1） **Axel van Lamsweerde**. Requirements Engineering, Wiley & Sons, 2009. KAOSの教科書.

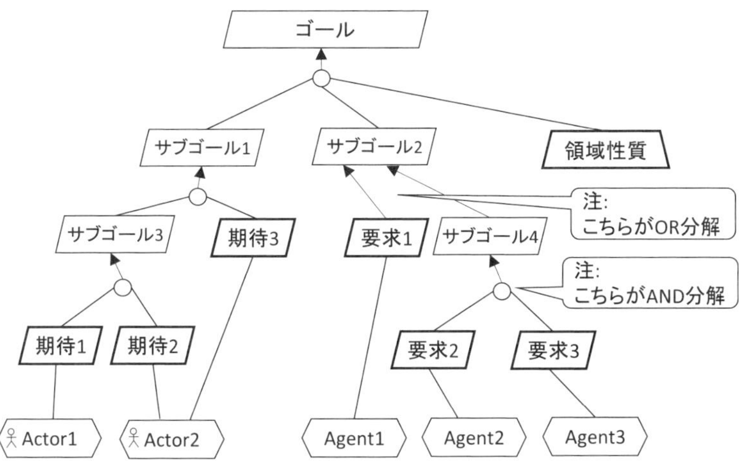

図 5.1　KAOS のゴールモデルとエージェントモデルの概要

2. KAOS によるゴール指向分析

我々の生活や業務等の活動におけるゴール達成のために，どのようなソフトウェア群が，どんな要求を充足すべきかを明確にする必要がある．また，ソフトウェア以外の部分，例えば利用者やハードウェアが，どのような役割を担ってくれるかも明確にしなければならない．ゴール指向要求分析手法 **KAOS** (Keep All Objectives Satisfied) [2) 3)] は，要求分析者が，これらを明確にする際に役立つモデルの表記法と，その記述手順を提供する．KAOS では，6 種類のモデルが定義されているが，本章では，要求工学に特に関係が深いゴールモデルとエージェントモデルに注目する．

2）A. van Lamsweerde. Requirements Engineering, Wiley ＆ Sons, 2009. KAOS の教科書.

3）A. van Lamsweerde, A. Dardenne, B. Delcourt and F. Dubisy, The KAOS Project: Knowledge Acquisition in Automated Specification of Software, Proceedings AAAI Spring Symposium Series, Track: Design of Composite Systems, Stanford University, March 1991, pp. 59-62. KAOS の最初期の論文．この時点では KAOS は Knowledge Acquisition in autOmated Specification であった．同年に Louvain 大学での紀要もあり．

図 5.1 に KAOS のゴールモデルとエージェントモデルの概要を示す．図の下部がエージェントモデルであり，それ以外がゴールモデルである．KAOS での分析は基本的にトップダウンに生活や業務におけるゴール（図中上の「ゴール」）を，段階的に分解していく．最初のゴールを発見する手法は KAOS の範囲外である．図に示すように，ゴールを木構造に従い分解を行う．構造は**非循環有向グラフ (DAG, Directed Acyclic Graph)** でもよい．下位のゴール群すべてが満たされる場合，上位のゴールが達成される構造を **AND 分解**と呼ぶ．表記としては，図中の「ゴール」，「サブゴール 1」，「サブゴール 3」，「サブゴール 4」の分解が AND 分解に相当する．一方，下位のゴールの一部もしくはどれか一つが満たされれば，上位のゴールが達成される構造を **OR 分解**と呼ぶ．こちらの表記法は，図中の「サブゴール 2」の分解に相当する．KAOS では開発するソフトウェアの一部となる部品を Agent と呼び，利用者，ハードウェア等のソフトウェア以外の部分を**環境 Agent** もしくは **Actor** と呼ぶ．また，当該の活動や業務内で恒常的に成り立つ法則を**領域性質**と呼び，モデルでは台形で表記する．領域性質は，物理法則，法令，慣習，想定等に相当する．あるゴールが領域性質に相当するか，ある 1 つの **Agent** もしくは Actor によって達成可能となった場合，ゴール分解を停止してよい．そして，ある 1 つの Agent によって達成されるゴールを「**要求**」，ある 1 つの Actor によって達成されるゴールを「**期待**」と呼ぶ．このモデルで明確になった「要求」を満たす機能を設計し実装することが，要求分析以降のソフトウェア開発で行われる．

KAOS 自体は前述のようにトップダウンに要求分析を行う手法である．しかし，プログラミングと同様に，トップダウンとボトムアップを組み合わせて分析を行ってよい．例えば，新規のソフトウェア技術（Agent に相当）によって達成可能な手段（要求に相当）を出発点として，従来では達成されていなかった生活や業務のゴールを模索することも可能である．

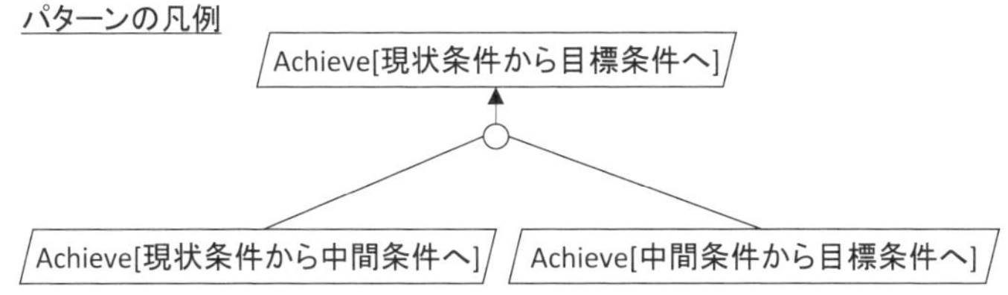

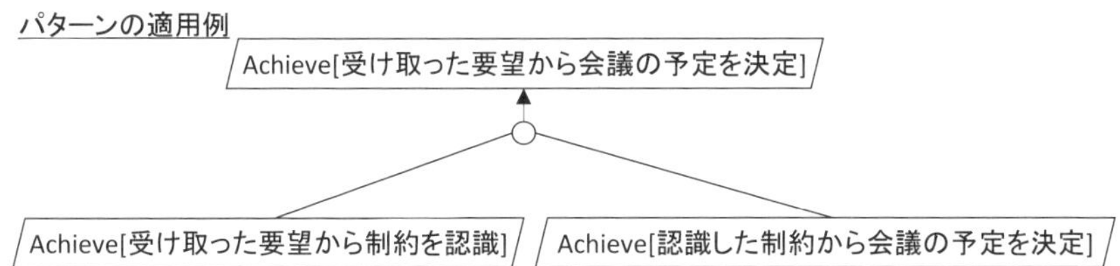

図 5.2　マイルストーン駆動分解パターンとその適用例

3. ゴール分解のパターン

前節で述べたゴールモデルを記述することは容易ではない．特に，あるゴールを複数のゴール群に分解するには知識と経験が必要となる．このような知識と経験の不足を補うための分解のパターンを紹介する．

（1）マイルストーン駆動分解パターン

このパターンは Achieve ゴールに適用できる．ある Achieve ゴールの中間条件群を発見し，それら中間条件を達成する (Achieve する) ゴールをサブゴールとする．中間条件がマイルストーンとなるため，この名称で呼ばれている．図 5.2 に**マイルストーン駆動分解パターン**とその適用例を示す．図中の適用例では，「(会議予定への) 要望を受け取った」条件から，「会議予定が決定された」条件を達成 (Achieve) するゴールが設定されている．会議予定を決めるには，要望を解析し，そこに記述された会議開催への制約を認識しなければならない．そこで，中間条件（マイルストーン）として「制約を認識する」という条件の達成を 1 つ目のサブゴールとする．そして，「制約を認識する」という条件が成り立っている状態において，「会議予定が決定された」という条件が達成されるゴー

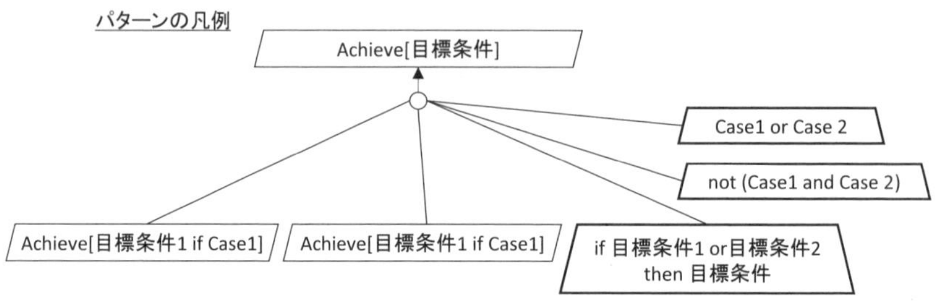

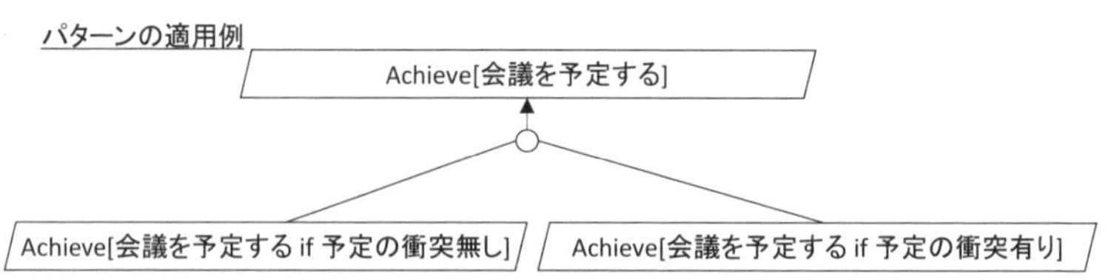

図 5.3　ケース駆動分解パターンとその適用例（Achieve ゴールの場合）

ルを 2 つ目のサブゴールとしている．この例では，1 つの中間条件（マイルストーン）のみを設定しているが，複数の中間条件を置くことで，Achieve ゴールを 2 つを超えるサブゴールに分解することも可能である．このパターンで分解されたサブゴール群は，分解されたゴールのシナリオに相当する．各サブゴールの中間条件は，シナリオにおける各ステップの実行後に成り立っている条件 (assertion) に相当する．

（2）ケース駆動分解パータン

このパターンは Achieve, Maintain, Avoid それぞれに適用できる．以下では，Achieve を例に説明する．ある Achieve ゴールを適用できる排他的な事例を複数列挙し，それら事例をサブゴールとする．どれか一つの事例は成り立たなければならない．図 5.3 に Achieve に関する**ケース駆動分解パターン**とその適用例を示す．図中のパターンには，排他的であり，かつ，どれか一つの事例が成り立つことを示す領域性質群が記述されている．実際の事例に適用する場合には，これら領域性質群を記述する必要は無い．また，図中のパターンでは，2 つの事例に分解しているだけであるが，3 つ以上の事例に分解しても無論良い．図中の例では，

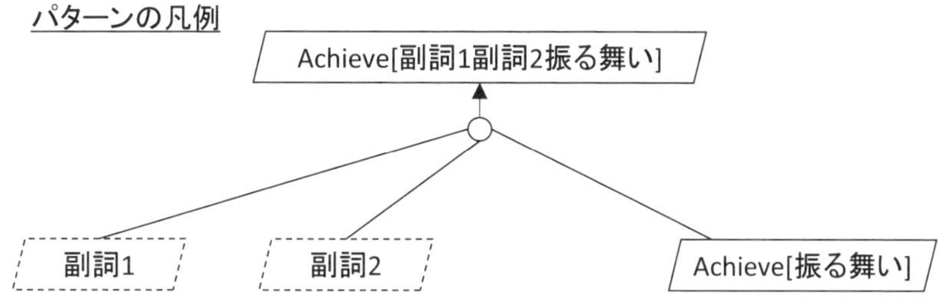

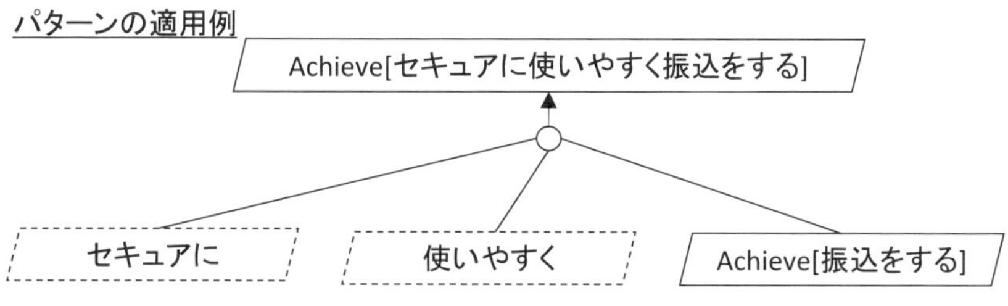

図 5.4　ソフトゴール群の分離（Achieve ゴールの場合）

「会議を予定する」ことを達成するというゴールを，「予定の衝突が無い」場合と，「予定の衝突が有る」場合の事例に分解している．Maintain や Avoid の場合も同様の考え方で事例ごとに分解を行う．

（3）ソフトゴール群の分離

文献[4)] では明示的なパターンとして紹介されていないが，あるゴールを，ソフトゴール群と，それらが修飾している振る舞いとに分離する分解も，典型的なゴール分解のパターンである．このパターンも Achieve, Maintain, Avoid のすべてに適用できる．図 5.4 に凡例と適用例を示す．図中ではソフトゴールをゴールと区別しやすくするために，破線の平行四辺形で記述している．「セキュアに使いやすく振込をする」というゴールを達成するためには，まず，「振込をする」という振る舞いが達成されないと意味を成さない．それに加えて，その振る舞いを達成する程度を規定する二つの副詞を，それぞれ「セキュアに」と「使いやすく」とい

4） A. van Lamsweerde. Requirements Engineering, Wiley ＆ Sons, 2009.

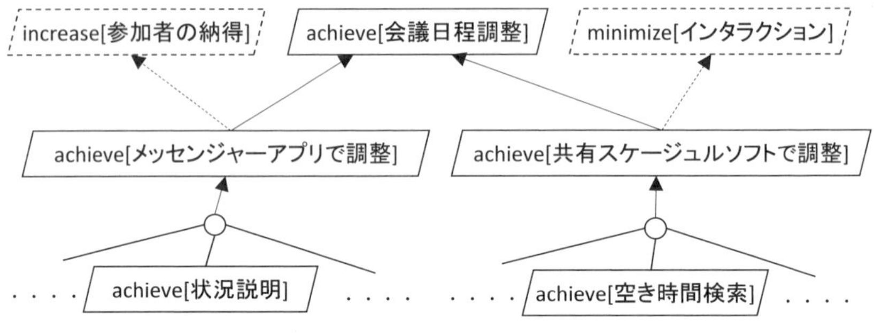

図 5.5　ソフトゴールによる選択肢の特徴化

うソフトゴールに分離する．無論，振る舞いを規定するソフトゴール群は 1 つでも 3 つ以上でもかまわない．

4. ソフトゴールによる選択肢の特徴づけ

ソフトゴールは副詞で表されるような嗜好 (preference) を示すものである．ソフトゴールを直接的に振る舞いに詳細化するという考え方もできる．例えば「セキュアに通信する」というゴールを **PKI (Public Key Infrastructure 公開鍵暗号基盤)** 等を用いた暗号化通信に詳細化する等がその例である．KAOS では，ソフトゴールを振る舞いに関するゴールに直接的に詳細化するという方針はとらない．あるゴールを複数の方針で詳細化できる場合，それぞれの選択肢が，あるソフトゴールを充足する（賛成となる）か否かをモデルに記述する．図 5.5 に例を示す．この例では，会議日程の調整を達成したいという振る舞いのゴールを達成する具体的な方法として，メッセンジャーアプリで調整する方法と，共有スケジュールソフトを用いる方法の二つの選択肢がモデル化されている．前者は，個々の参加予定者とメッセンジャーアプリを用いてインタラクションすることで，たとえ無理のある予定でも，納得してもらうことが容易である．一方，共有スケジュールソフトを用いれば，単純に共通の空き日時を自動的に決定できるため，開催者や参加者間のインタラクションはほぼ不要である．このような選択肢それぞれの一長一短の性質をソフトゴールによって明確にすることができる．

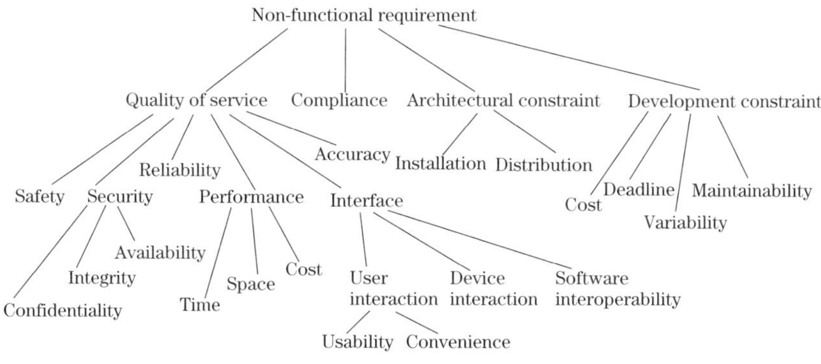

図 5.6　L. Chung による非機能要求の分類

ソフトゴールを副詞そのもので表現せず，その副詞で表される性質の達成の度合いや条件の増減で表現することもできる[5)]．これは，ゴールの達成の度合いを**測定する指標**（Performance Indicator）[6)]を用いて，ソフトゴールを詳細化することに相当する．例えば，「使いやすく」という副詞を，「操作時間を最小化する」や「操作ミスを減少させる」という測定可能な基準で表現することである．このような指標を用いて表現したソフトゴールは，振る舞いのゴールにおける Achieve や Maintain 等と同様に，以下のような接頭辞を用いて表現することができる．

- Improve: ある条件を改善する
- Increase: ある量を増加させる
- Reduce: ある量を減少させる
- Maximize: ある機能を最大化する
- Minimize: ある機能を最小化する

上記の接頭辞は，選択肢間の**優先度づけ**（順位づけ）を強く意識しているが，KAOS では，あるソフトゴールに関して，複数の詳細化の選択肢を優先度づけするような構文は準備されていない．

5） A. van Lamsweerde. Requirements Engineering, Wiley ＆ Sons, 2009. KAOS の教科書.

6） W. van der Aalst. Process Mining, Data science in Action, Second Edition, Springer, 2016. ゴールに対する Performance Indicator に関する解説が見られる.

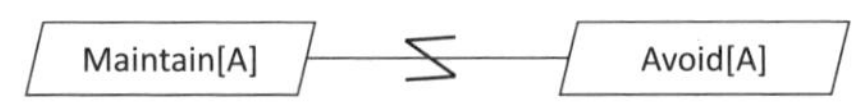

図 5.7 振る舞いに関するゴール対の衝突

ソフトゴール自体は既存のカタログから選択することも有効である．例えば，ISO25010[7) 8)] に定められている 5 種類の利用時の品質（Quality in Use）や，8 種類の製品の品質（Product quality）は，ソフトゴールを設定する上で参考になる．また，**L. Chung** の博士論文にある非機能要求の分類（図 5.6）[9)] も同様である．

5. 衝突の仕様化

異なる二つのゴールを同時に達成することが不可能な場合，それらのゴールは**衝突**（Conflict）していると呼ぶ．どのような衝突がありうるかについて概説する．なお，衝突をどのように回避するかについては，第 7 章「ネゴシエーション」で述べる．

（1）振る舞いに関するゴールの衝突

振る舞いに関するゴールは，特定の条件の達成や維持に着目している．よって，それらの衝突は形式的に発見可能である．例えば，条件 A を維持したいゴール Maintain(A) と，A になることを回避したい Avoid(A) は明確に衝突している．KAOS のモデルでは，このような衝突を図 5.7 のように表現する．

（2）振る舞いのゴールとソフトゴールの衝突

4 節で述べたように，振る舞いのゴールがソフトゴールに「賛成（pro）」であることを示すことができる．それと同様に，ソフトゴールと振る舞

7）ISO25010@ISO25010

8）ISO/IEC 25010, Systems and software engineering – Systems and software Quality Requirements and Evaluation (SQuaRE) – System and software quality models, 2017.

9）L. Chung 他. Non-functional Requirements in Software Engineering, Springer, 2000. 博士論文に基づいた図書.

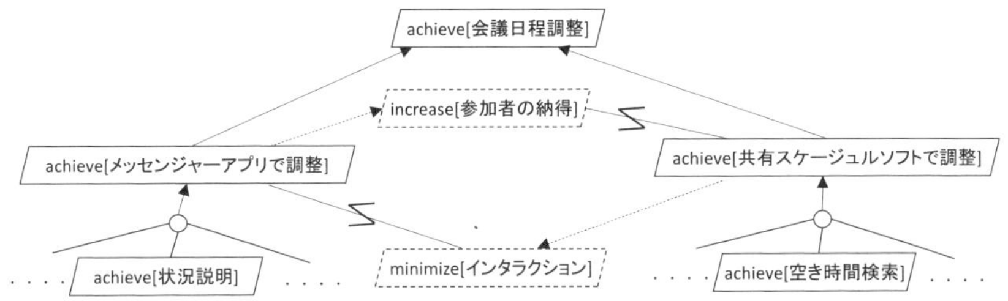

図 5.8　振る舞いのゴールに対して複数のソフトゴールが賛否の立場をとる衝突

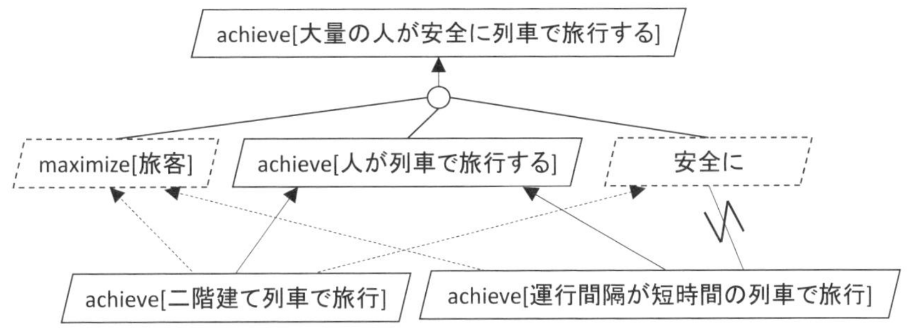

図 5.9　ソフトゴール間の間接的な衝突

いのゴールの衝突によって，振る舞いのゴールとソフトゴールが「反対(con)」であることを示すことで衝突を表現することができる．図 5.8 に例を示す．この例は図 5.5 を拡張したものである．メッセンジャーアプリで調整を行った場合，当然，インタラクションが生じるため，minimize[インタラクション] というソフトゴールとは衝突する．一方，共有スケジュールソフトで調整を行った場合，例えば，最も多くの参加者の空き時間が重なる部分を選択するという事態も起こりうる．この場合，一部参加者からの納得が得られないかもしれない．

（3）ソフトゴール間の衝突

副詞で表現できる，あるソフトゴール群が衝突する場合があることは経験的に知られている．しかし，副詞の性質上，明確に衝突するということは断定できない．例えば，「使いやすく」と「セキュアに」は経験的に衝突する可能性が多い．しかし，必ず衝突するとは断言はできない．ある振る舞いのゴールに対して賛成と反対となるソフトゴール群を発見することで，衝突を認識することができる．例えば，ある振る舞いのゴールは「使いやすく」に賛成するが，「セキュアに」には反対するというモデルである．この「ある」振る舞いのゴールの選び方によっては，衝突が回避可能な場合がある．図 5.9 に例を示す．この例では「大量の人が安全に列車で旅行する」というゴールの達成を分析している．大量の人に対応する部分を「maximize[旅客]」というソフトゴールに分解し，「安全に」はそのままソフトゴールとしている．「人が列車で旅行する」というゴールを 2 つの異なるケースに OR 分解で分解している．「二階建て列車で旅行」するゴールを選択した場合は，双方のソフトゴールに賛成される．しかし，「運行間隔が短時間の列車で旅行」に詳細化した場合，列車の距離間隔が狭まるため「安全に」のソフトゴールはこの詳細化に反対となるが，「maximize[旅客]」はこの詳細化に賛成となる．よって，ソフトゴール「maximize[旅客]」と「安全に」は間接的に衝突してしまう．なお，この例では扱わなかったが，加えて新規車両の開発導入のコスト等を鑑みると，二階建て列車の導入も，必ずしもベストな選択では無いことが解る．

ソフトゴールを達成の度合いを測定する指標で表現した場合には，明確に衝突する場合がある．例えば，「Maximize 操作時間」と「Minimize 操作時間」は明らかに衝突する．注目する指標が同一のものでなくても，測定する指標間の関係に注目し，このような衝突を明確にすることができる．

6. 事例

ゴールモデルの理解を深めるために，いくつかの事例を示す[10)]．

---

10) Haruhiko Kaiya, Nobukazu Yoshioka, Hironori Washizaki, Takao Okubo, Atsuo Hazeyama, Shinpei Ogata and Takafumi Tanaka. Eliciting requirements for improving users' behavior using transparency. Nov. 2017, Springer CCIS Vol 809, Pages 41-56. 6 節の事例の一部は本論文から流用した.

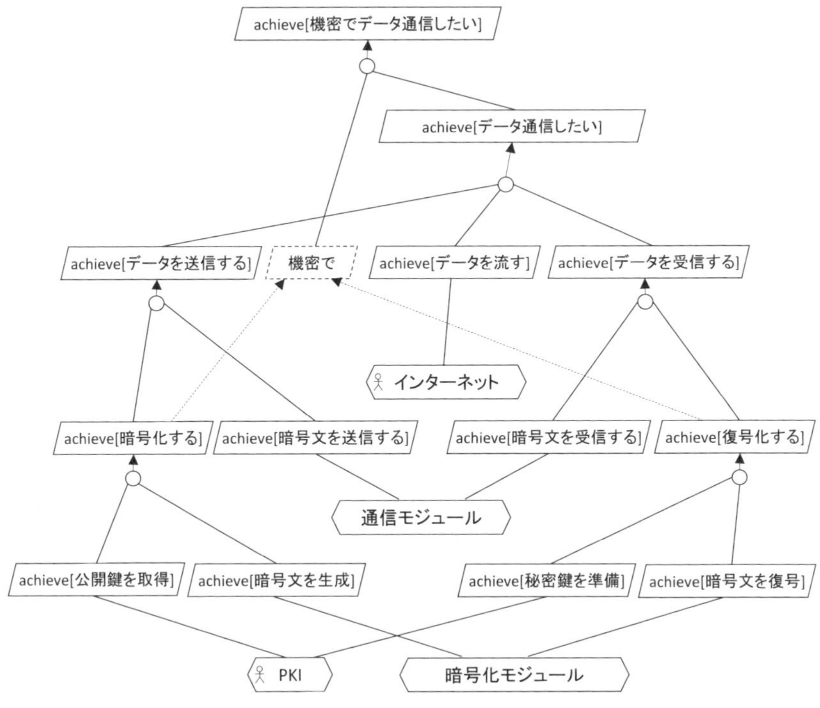

図 5.10　内容を機密にするデータ通信の KAOS モデル

（1）内容を機密にしたデータ通信

文書等のデータを，あるコンピュータから他のコンピュータへインターネット等の公衆回線を用いて送受信する場合，データの内容を第三者に傍受される可能性がある．よって，データの内容を機密にしたい場合，何らかの工夫をする必要がある．この事例では，PKI を用いて，機密でデータを通信したいというゴールの達成をモデル化する．

図 5.10 に KAOS モデルを示す．結論から言うと，このシステムでは，通信を行うための「通信モジュール」と，暗号文を暗号化と復号化するための「暗号化モジュール」の開発をする必要がある．通信を行うための基盤である「インターネット」と暗号化を行うための鍵管理を行う「PKI」は，既存の施設を利用する．まず，最初のゴール「機密でデータを通信したい」に対して，ソフトゴール群の分離パターンを適用する．その後，

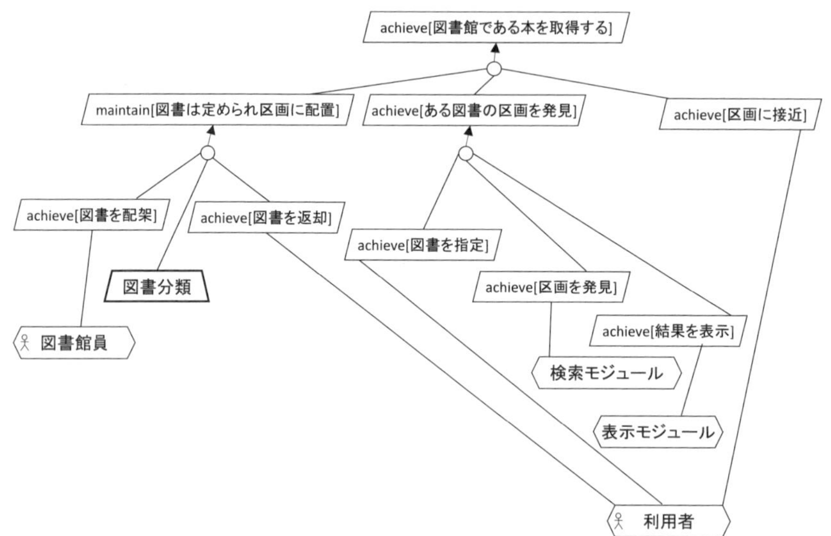

図 5.11　開架式図書館で本を取得する際の KAOS モデル

分離された振る舞いのゴール「データ通信したい」にマイルストーン駆動型パターンを三段階適用し，個別のエージェントが責任を持つべきゴールまで分解を行う．最初の段階で分離し認識した「機密で」を充足するため，データの送受信に際して，「暗号化」と「復号化」の振る舞いのゴールが導入されている．これらを実現するために，既存の PKI で管理されている秘密鍵と公開鍵を用いるとともに，実際にこれらの鍵を使って暗号化および復号化する部分は「暗号化モジュール」として新規に開発する必要がある．無論，この開発に際して，暗号化/復号化を行うためのプログラミング言語の既存ライブラリは利用可能であるが，その点は要求分析の範囲外である．

(2) 開架式図書館での本の取得

開架式の図書館において利用者が本を探す活動の KAOS モデルを示す．図書は何らかの分類基準に基づき，棚の定められた区画に配置されいる．探した本は図書館内で利用者が読んで返却する場合もある．通常，返却のための棚は別途準備されおり，図書館員が定められた区画に戻す．

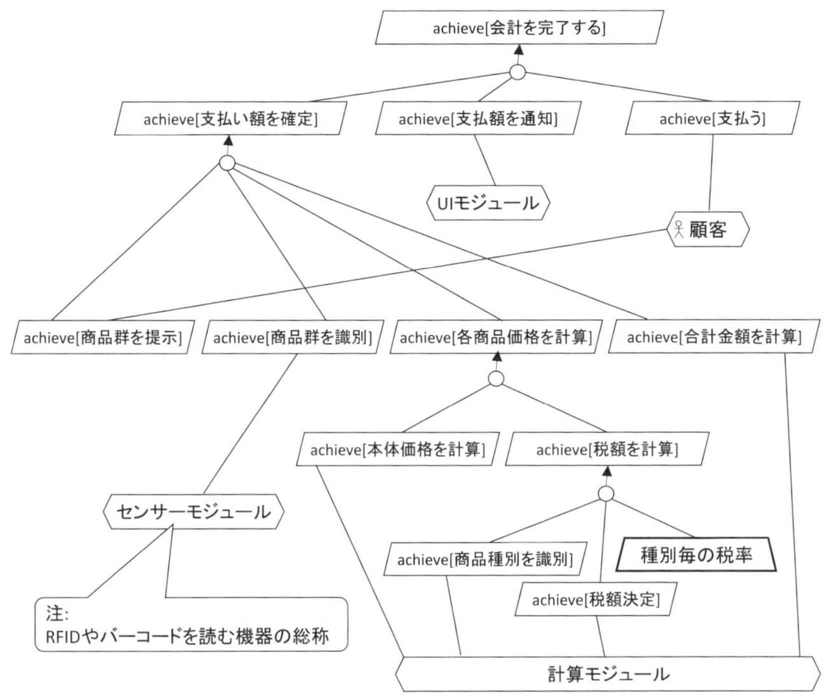

図 5.12　セルフレジ会計の KAOS モデル

しかし，開架式のため，利用者自身が元あった場所に戻すことも可能であるため，戻す場所を間違える場合もありうる．

図 5.11 に KAOS モデルを示す．最初の分解はマイルストーン駆動パターンの亜種を用いている．このモデルでは領域性質「図書分類」が用いられている．また，全体にアクター（環境エージェント）が担うゴールが多い．要は「図書館員」や「利用者」が期待通りにゴールを達成しなければ，ここで注目したゴールは達成が難しいことがわかる．

（3）セルフレジでの会計

スーパーマーケット等の店舗で顧客自身が会計を行うセルフレジ (self-checkout) が日本でも見られるようになった．セルフレジにおいてもソフトウェアの担う役割は大きい．一部の先進的な店舗では，RFID (Radio

Frequency IDentifier) を用いて購入する商品群を一括して認識することもできる．しかし，多数のセルフレジでは，商品に貼付されているバーコード等を顧客自身がセルフレジに読み込ませる方式をとっている．セルフレジか否かに関係なく，商品の種類によって税率が異なる場合がある．例えば，食品には軽減税率が課されている等である．

図 6.2 に KAOS モデルを示す．これもマイルストーン駆動パターンを用いてゴールを階層的に分解していき，その達成責任を行うエージェントを明確にしていっている．税率に関する規則は国や地域ごとに異なるため，領域性質としている．

7. まとめ

要求工学の役割は，ソフトウェア部分が充足すべき要求を明確にし，そのためにソフトウェアが，どのように振る舞うかを仕様化することかもしれない．しかし，ソフトウェアを含めた人工物の恩恵を受ける者（狭い意味でのステークホルダ）にとっては，彼ら彼女らの生活や業務において新たに達成されることや，改善されることが重要である．よってソフトウェアが何を担うか等は些細なことである．ゴール指向要求分析法は，ステークホルダが達成や改善したいゴールが，ソフトウェア，機械，人間や組織等の連携によって確かに達成可能であることを明確にできる．よって，ステークホルダにとって，有益な分析ツールである．また，ソフトウェア部分が責任を持たなければならない部分も明確になるため，ソフトウェア開発者にとっても有益なツールである．

ゴール分析手法 KAOS のモデルを記述するための広く利用されているツールは存在しない．**Objectiver**[11)] という商用ツールが存在するが，これの利用報告はあまり見られない．本稿でも通常の描画ツールを用いて KAOS のモデルを作成した．

11） http://www.objectiver.com/ 2022 年 8 月にアクセス

参考文献

(1) A. van Lamsweerde. Requirements Engineering, Wiley & Sons, 2009. KAOS の教科書．本書では列車運行に関する例題が多い．

研究課題

1) 「離れて暮らす高齢の父に異常があったら近所の親戚を差し向けたい」というゴールを達成するための KAOS モデルを記述しなさい．「父はずっと家に居る」という領域性質があるものとする．そして，テレビの稼働，インターネットアクセス，電気ガス水道の利用状況をリアルタイムで監視できる装置が父宅に設置されているものとする．加えて，この装置は監視結果を父宅外のサーバーにインターネット経由で送付する機能を有するものとする．また，携帯電話やメッセンジャーアプリに通知を行う機能を有するサーバーが利用可能であるとする．

2) 身近な生活や業務の活動にゴールを設定し，KAOS のモデルを用いて，人間や機械等によって達成される期待と，ソフトウェアによって達成される要求を明確にしなさい．

6 ゴール指向分析手法（2）

海谷 治彦

前章で紹介したKAOSは，達成すべきゴールを階層的に詳細化していくため直観的で分かりやすい．しかし，KAOSでは詳細化されたゴールを「誰が」達成するかのみに注目しており，「誰の」ゴールなのかについては注目していない．業務や生活においては，多数の異なる人や組織が，それぞれに達成したいゴール群を持っており，それらゴール群が関係しあっている．ソフトウェアを含む人工物は，このような関係に介入し，人や組織に代わってゴール達成を行うことで，業務や活動をより良くすることができる．本章では，iStarというゴール指向モデリング言語を用いて，上記のような関係のモデル化を紹介する．また，iStarとは別にGSNというゴール達成が可能であることを論証するための記法も紹介する．

1．iStarの背景

要求工学によってソフトウェアの仕様が明確にされなければならない．そのソフトウェアが導入される業務や活動に関与する人や組織それぞれが達成したいゴール群が，仕様を決定するための主な要因である．例えば，ある秘書が上司から会議開催の準備を行うよう命じられたとする．普通の秘書は，このような業務を手間をかけず効率的に実施したいと思うものである．ある秘書は，この業務を以下のように達成したとする: 会議参加者群の予定を電話や口頭で確認し会議開催可能日時を認識する．それぞれの会議室前に張られた予定表の紙を確認し，可能日時に空いている会議室を見つけ，その会議室を可能日時の時間帯に予約するため紙に追記する．しかし，上記は多くの手間がかかり効率的とは言えない．会議室予約管理システムや，社員の予定管理システムのようなソフトウェアを導入することで，効率化の度合いが各段に改善する．一方，予定管理システムの導入によって各社員は自身の予定を頻繁かつ正確に入力するというゴールを，システムのために達成しなければならなくなる．

上記の例で示したように，現実の業務や活動では，いくつかの達成したいゴールが与えられ，そのゴール群をシステムや人間等が一丸となって達成すればよいというものではない．それぞれの人間や組織が，それぞれに達成したいゴール群を持っており，それぞれのゴールは人間や組織が達成したり，導入されるソフトウェアや機械が達成したりする．また，ソフトウェアの導入によって人や組織が達成しなければならない新たなゴールが発生する場合もある．ソフトウェアが導入される業務や活動を**社会技術体系**（**STS**: Socio-Technical System）とみなし，その体系を構成する人間，組織，ソフトウェア，機械等の**戦略的アクター**（Strategic Actors）の依存関係を中心にモデルを記述するのが **iStar** である．iStar は初期には i* と記述されることが多かった．しかし，この表記はウェブにおける検索を行う際の障害となった．よって，現在では iStar と記述されることが多い．なお，iStar では，実行レベルや時系列的な分析は対象外であり，アクター間の静的な依存関係に注目している．iStar は 1997 年に発表[1)] されて以降，iStar2.0 等，モデルや名称が整理された版も存在する．しかし，基本的なアイディアは最初の iStar で完成されているため，本稿では，最初の iStar に基づき解説を行う．iStar は多数の亜種や拡張版が存在するが，それらを整理する際には iStar2.0 の枠組が有効である．iStar は業務や生活におけるアクター間の依存関係を直観的に把握するためのモデリング言語である．よって，一部の拡張版の iStar を除き，厳密な記述や形式的な推論には固執していない．

2. Strategic Dependency (SD) モデル

iStar モデルの根幹を成す構成要素は，戦略的アクター (Strategic Actor) 間の戦略的な依存関係である．戦略的アクターとは，ソフトウェアや機械を含めた自律的な存在であり，達成したいゴールを持っていたり，ゴー

1）Eric S. K. Yu. Towards Modeling and Reasoning Support for Early-Phase Requirements Engineering. RE 1997: pp. 226-235. iStar の最初期の論文.

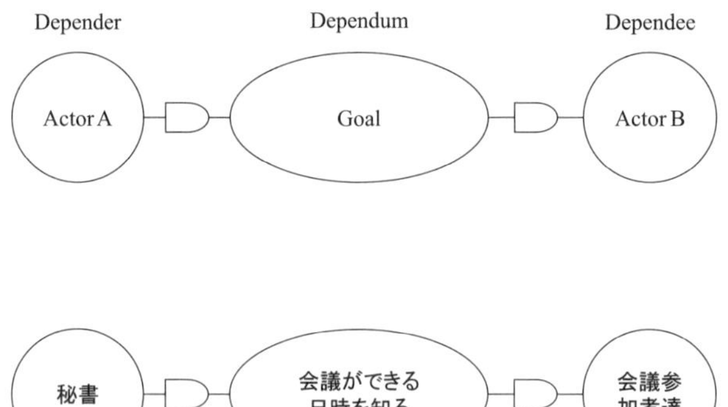

図 6.1　戦略的依存関係の凡例（上）と具体例（下）

ルを達成する能力を持っていたりする．この依存関係は図 6.1 に示すように 2 つのアクターと 1 個のゴールによって表現される．図の上部が凡例であり，下部がその具体例である．図中の丸がアクターに相当し，楕円がゴールに相当する．iStar ではゴール達成の依存関係を図に示すような弾丸のような形のマーク（Depend の D に相当）がついた線で表記する．

図 6.1 の戦略的な依存関係は以下の二つの事をモデル化している．

- アクター A はゴールを達成したい．
- アクター B はそのゴールを達成できる．

ゴールを達成したいアクターを **Depender** と呼び，達成できるアクターを **Dependee** と呼ぶ．また，達成対象のゴールを **Dependum** と呼ぶ．iStar の根幹を成す戦略的依存関係モデル（Strategic Dependency Model, **SD Model**）は，このような依存関係の連鎖をモデル化している．

Depender と Dependee が同一のアクターであるモデルは iStar2.0 では禁止されているようだ．しかし，そのような状況こそ重要な要求獲得のヒントと成りうる．なぜなら，自分が達成を望んでいるゴールを，自分で達成しているという状況を発見し，それをソフトウェア等の人工物が代わりに達成するように業務や活動を変更することが要求獲得で重要だからである．図 6.2 は，大昔の大学等で，教員自身がレポートの収集を行っていた状況のモデル（上）と，学習管理システム (LMS) が収集した

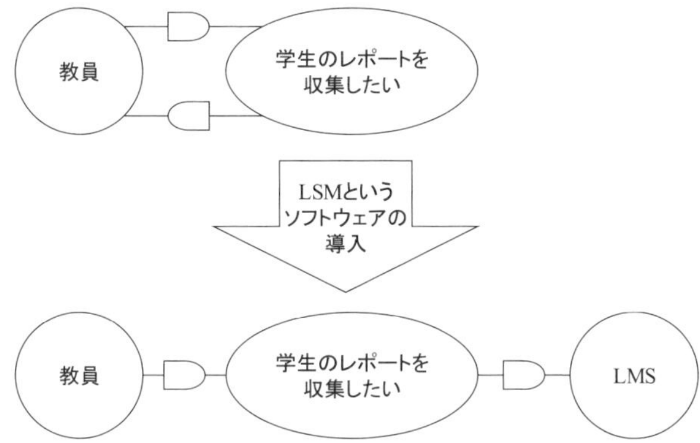

図 6.2　Learning Management System (LMS) 導入による教員のレポート収集業務の変化

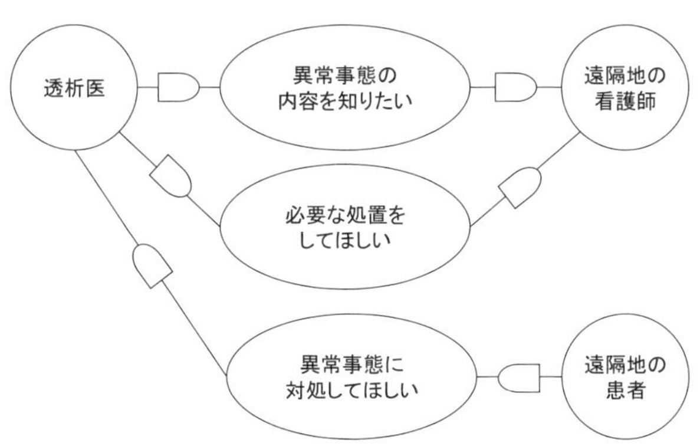

図 6.3　人工透析における遠隔処置の SD モデル

いというゴールを教員の代わりに達成してくれるようになった現在のモデル（下）である．

SD モデルは複数の戦略的な依存関係の連鎖から構成される．図 6.3 では，医者が居ない離島において人工透析を行なう際の異常事態対処の依存関係をモデル化していある．遠隔地の患者は当然，異常事態に対処して自身の命を救いたいというゴールを持つ．この対処ができるのは，透析医であるが，対処するためには，(1) 異常事態の内容を知り，(2) 対処法を見つけ，(3) 患者に処置を施さなければならない．しかし，透析医は患者とは異なる場所にいるため，(1) と (3) のゴール達成は，患者のそば

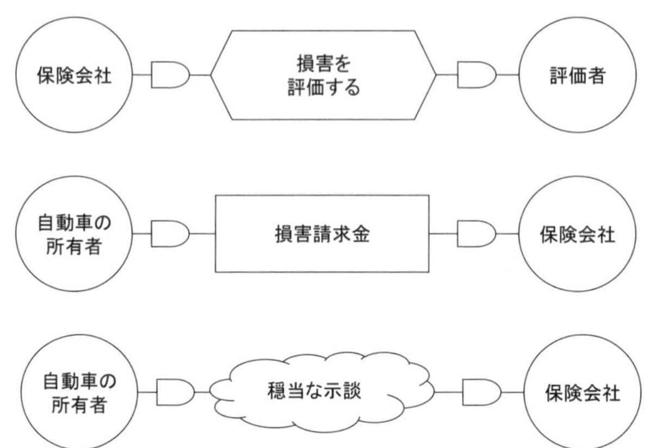

図 6.4　Task, Resource, Soft-Goal を用いた依存関係の例

にいる看護師に委譲するほか無い．このモデル内では，異常事態の把握も，処置もすべて看護師が担うことなっているが，IoT デバイス等を用いて遠隔地の患者や透析システムの遠隔監視をしたり，同様に遠隔操作可能な治療装置によって処置の一部もしくは全部を透析医が直接に行うことが技術的には将来可能と思われる．

SD モデルにおける Dependum は，ゴールを含めた以下の 4 種類の要素を用いることができ，これらを総称して **intention**（意図）と呼ぶことがある．

- **Goal**　主張 (assertion) を述べるものであり，当該のゴールをどのように達成するかについては述べない．
- **Task**　実施する活動を明記するものであるため，何をやるかは明確であるが，何のためにやるかは明確でない場合がある．
- **Resource**　データ，情報，金銭，物品等の（実在）物．「物が必要である」という形で Goal として記述することも可能であるが，iStar では Goal とは独立した種類を提供している．
- **Soft-Goal**　KAOS と同様に達成の可否を明確に設定できない Goal．iStar2.0 では Quality と改名されているが意味はほとんど同じ．

図 6.4 にそれぞれの例を示す．

iStar ではアクターに関しても以下のような分類がある．

- Actor: 以下の 3 つに区別しない場合の一般的なアクター．
- Role: 抽象的なアクター．役割に相当．
- Agent: 具体的なアクター．例題を見る限り，「田中さん」等，特定の人物まで具体化されているわけでなく，「患者」や「医者」等に相当．
- Position: Role の集合であり，通常，1 つの Agent に割り当てられる．

また，アクター間の IS-A 関係等もモデルに記述されることがある．前述のように，iStar は形式的な推論を行うことを意図していないため，これらの区別を有効に活用している事例は少ない．むしろ，単純なアクターのみを用いて，業務や生活の全体像を俯瞰している事例が多い．

3. Strategic Rationale (SR) モデル

SD モデルでは，あるアクターがあるゴールの達成を望んだり，他のゴールの達成を引き受けたりしている点がモデル化されている．しかし，何故そのようなゴールの達成を望んだかや，どのように引き受けたゴールを達成するかについては明確にされていない．すなわち各アクター内の考え方の背景や根拠（**rationale**）がモデル化されていない．**SR モデル**（Strategic Rationale Model）は，このような rationale を SD モデルに追加したものである．

アクター内部の考え方をモデル化するために，ゴール等の間の以下の関係が導入される．

- **分解リンク (Decomposition Link)**: タスクを他のタスク自身を含めた他の要素に分解する関係．KAOS の場合，ゴールやソフトゴールも分解可能であったが，iStar では，それは禁止されており，分解してよいのはタスクだけである．なお，KAOS のように分解

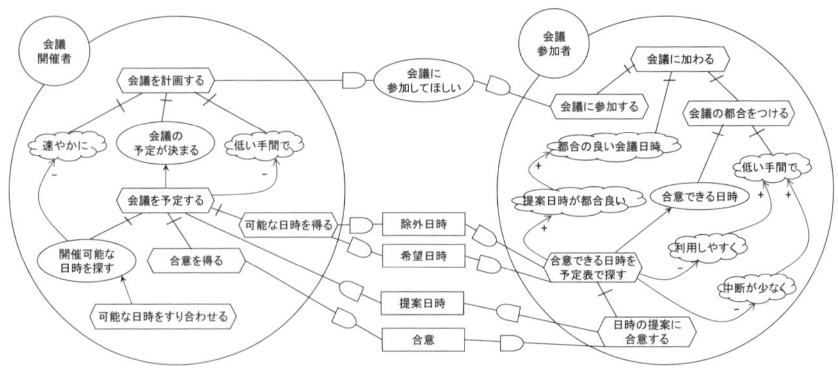

図 6.5　会議開催に関する SR モデル

の停止基準が無い.

- **Means-end リンク** (**Means-ends Link**): ゴールをその達成のための手段 (means) であるタスクに関連づける関係. 手段として関連づけられたタスクを, さらに分解してもよいため,「ends」という語感に合わない. なお, 一つのゴールに複数の Means-ends リンクがある場合, ゴールを達成するための手段の選択肢が複数通り存在することを表す.

- **貢献リンク** (**Contribution Link**): ゴールを含めた 4 種類の要素がソフトゴールに対してプラスに働いているか, マイナスに働いているかを示す関係. プラスマイナスの度合いを+や-の数で示すことが可能, 例えば ++ の場合, + より大きく貢献していることを示し, -- の場合, - より大きく邪魔していることを示す.

これら関係はアクター内のみで利用が可能であり, アクター間で利用してはならない. アクター間で利用してよいのは, SD モデルで述べた依存関係のみである. アクター内のゴール等のグラフ構造は KAOS のゴールモデルと構文上は似通っている. しかし, その表現内容は大きく異なる.

図 6.5 に会議開催に関する SR モデルの例を用いて, 上記の関係を具体

例で紹介する．この例は文献[2)]からの引用である．SR モデルは，SD モデルにおける各アクターの中身を開示した形となっている．図中の大きな円が各アクターの中身であり，それぞれのアクターの rationale がモデル化されている．会議開催者の中には「会議を計画する」というタスクがあるため，この会議開催者はこのタスクを実施することがわかる．このタスクを実施しなければいけない理由はこのモデルには含まれない．このタスクは「速やかに」，「低い手間で」というソフトゴールと「会議の予定が決まる」というゴールに分解関係で分解されている．図に示すように，分解関係は十字の表記の線で示されており，横線が近い側が分解元，反対側が分解先である．「会議の予定が決まる」というゴールは「会議を予定する」というタスクを手段として達成される．Means-ends 関係は普通の矢印で示されている．「会議を予定する」というタスクは図に示すように他の二つのタスクと一つのゴール「開催可能な日時を探す」に再度分解される．このゴールは「可能な日時をすり合わせる」という手段によって達成されることが，Means-ends 関係によってモデル化されている．これが会議開催者内の SR モデルの機能的な骨子となる．

一方，ソフトゴールを終点とする貢献関係は，SR モデルにおける品質的な側面をモデル化している．例えば，タスク「会議を計画する」から分解されたソフトゴール「速やかに」は，ゴール「開催可能な日時を探す」に阻害されていることが-の貢献関係でモデル化されている．また，ソフトゴール「低い手間で」はタスク「会議を予定する」に同様に阻害されていることがモデル化されている．なお，SR モデルにおけるソフトゴールは，タスクから分解されたものだけでなく，モデル内に自由に新規追加が可能である．会議参加者内の「提案日時が都合が良い」がその例である．

アクター間の依存関係の始点と終点は，アクター内のタスクであることが事例からわかる．ただし，依存関係を仕様化しているゴール等の内容と，始点や終点となっているタスクとの間には，明確な関係性が無い．

2）Eric Yu 他編. Social Modeling for Requirements Engineering. MIT Press, 2011.

例えば，図 6.5 におけるゴール「会議に参加してほしい」の依存関係の終点は，ほぼ同じ内容のタスクであるため意味が通る．しかし，始点は「会議を計画する」というタスクになっており，たしかに，会議を計画するためには，参加者に会議に参加してほしいというゴールの達成が必要なことをは類推できるが，意味的なギャップがある．

4. iStar モデルを用いた分析

iStar モデルを書く事自体，ソフトウェアが導入される業務や生活の様子の理解の助けになる．それに加えて，以下のような分析も可能である．

- As-is/To-be 分析: ソフトウェアの導入前後のモデルを記述し，ソフトゴールへのマイナス貢献度が減少すれば，意義ある導入と見なすことができる．
- 別解群の比較: As-is/To-be 分析と同様な分析が可能である．
- インパクト分析: 依存，分解，貢献関係を追跡することでモデル中の変化の影響波及範囲を知ることができる．

5. iStar モデル記述上の注意点

iStar の正しいモデルを記述するためのノウハウが国際会議のチュートリアル[3)]で提供された．ここでは，自明な誤用，例えば他の要素と関連が全く無いアクターを記述する等以外の，注意すべきノウハウを概観する．なお，文献等に出現するモデル例を見る限り，ここでの注意点が無視されたものも散見される．

(1) アクター内要素と当該アクターについて

SR モデルにおいては，アクター内にゴール等を記述するが，それらゴール等は，それを包含するアクターと関連を持ってはならない．アクター内のゴール等は，当該アクター内の考え方（rationale）をモデル化しているため，すべて当該アクターと関連があると言える．よって，わ

3) Eric Yu 他. Strategic Actors Modeling with i*. RE 2008 tutorial. 論文だけからではわかりにくく iStar の解説が得られる．

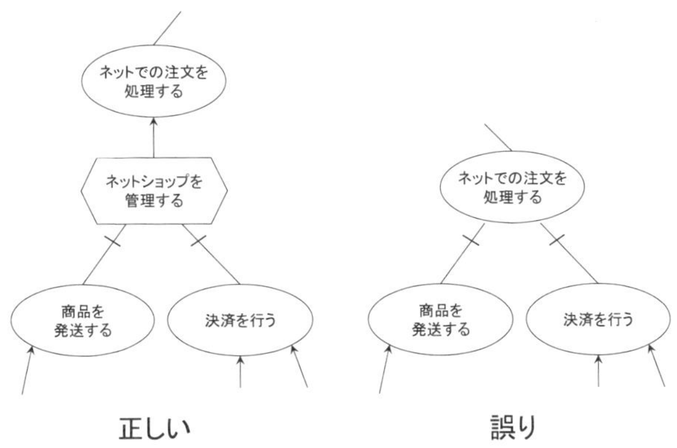

図 6.6　ゴールを直接にゴールに関連づけてはいけない

ざわざ関連を記述するのは無意味なためである.

（2）ゴールの分解について

ゴールは直接に他のゴールに分解してはいけない. アクター間の依存関係となっているゴールはもちろん, SR モデルにおけるアクター内のゴールも直接に他のゴールに分解してはならない. あるゴール達成の手段となるタスクと Means-ends の関係をつけてから, 他のゴール群に分解しなければならない. また, Means-end, 分解, 貢献のリンクの末端はゴールであってはならない. 特に前者の制約は KAOS と考え方が大きく異なるので注意が必要である. 図 6.6 に正しい例と誤った例を示す. なお, 分解は SR モデルにおけるアクターの内部のみで許されている.

（3）貢献リンクはソフトゴールのみに向けて

SR モデルのアクター内においては, ゴール等の要素からソフトゴールへの貢献リンクのみが許されている. ゴールからタスクへの貢献リンク等は作成してはならない. また, 貢献リンクは, 異なるアクター間をまたいで作成してはいけない, すなわち, 貢献リンクはアクター内のみで利用が可能である.

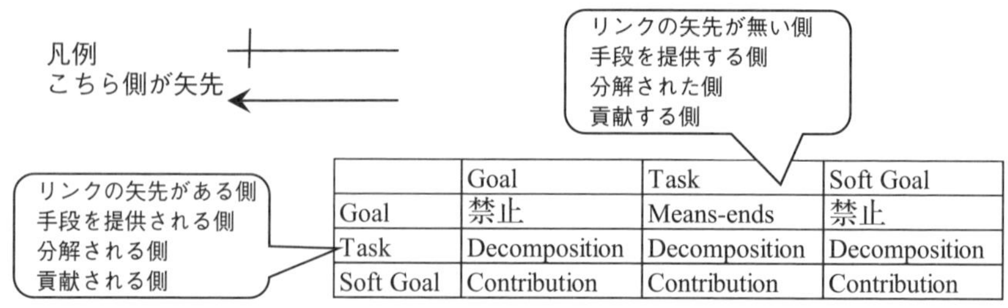

	Goal	Task	Soft Goal
Goal	禁止	Means-ends	禁止
Task	Decomposition	Decomposition	Decomposition
Soft Goal	Contribution	Contribution	Contribution

図 6.7　SR モデル内の許可されたリンクの種類

（4）Means-ends のリンクはタスクからゴールへ

Means-end リンクは SR モデルにおけるアクター内部において，タスクからゴールへのみ張って良い．他の組み合わせは禁止されている．また，Means-end リンクを利用してよいのはアクター内部のみである．なお，Means-end リンクはゴール達成の手段であるタスクを指定するのに用いられるが，そのタスクを別のゴール群に分解してもよいので「end」が示す末端や終了の意味合いは薄い．図 6.7 に SR モデル内の許可されたリンクの組み合わせをまとめる．

（5）依存関係とアクター内のゴールやタスク等の関係

SR モデルでは，アクター間のゴールやタスク等の依存関係の依存元となる要素と依存先となる要素が明らかになる．しかし，依存しているゴール等 (dependum)，依存元のゴール等 (depender)，依存先のゴール等 (dependee) の関して，形式的な制約は無い．内容を吟味すれば納得がいく程度である．例えば，図 6.5 では，会議開催者は「(参加者に) 会議に参加してほしい」というゴールの達成を望んでおり，その達成は会議参加者に依存している．この関係はアクター間の依存関係で表現されている．この依存関係の依存元となっているのは，会議開催者の「会議を計画する」というタスクであり，依存先は会議参加者の「会議に参加する」というタスクである．少なくとも，タスク「会議を計画する」とゴール「会議に参加してほしい」の間には意味的なギャップがあるが，このようなモデルを iStar は容認している．

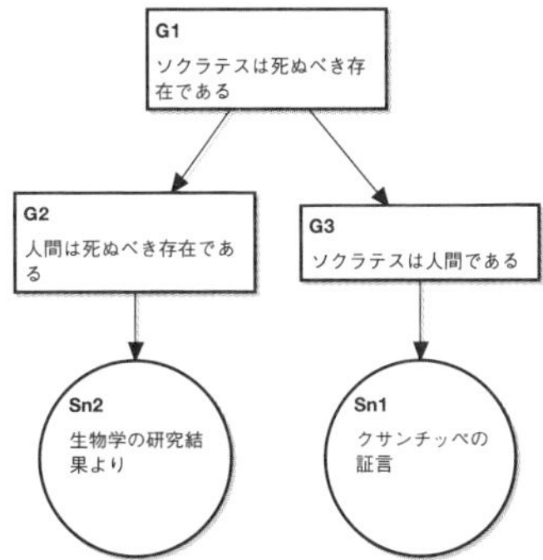

図 6.8　GSN の簡単なモデル例（ゴールと Solution）

6. Goal Structuring Notation (GSN)

KAOS と iStar は要求工学の分野で利用されるモデル化言語であるが，それとは異なる流れのゴール指向モデル化言語 Goal Structuring Notation (**GSN**) を紹介する．GSN は国産の良質なモデリングツール[4] も存在するため，その利用のハードルは低い．GSN は KAOS や iStar と異なり，あるゴールが達成可能である**論証**(argument) を説明するための表記法である．よってソフトウェアの要求を獲得する等の利用は想定されておらず，ある主張が正しい証拠を示すための文書として利用される．特に，安全性やセキュリティが担保されているという証拠を示す道具として利用されることが多い．

（1）GSN におけるゴールと簡単なモデル例

GSN における**ゴール**は，正しいと主張したい命題，特にシステムが達成してしかるべき性質を記述した命題である．よって，その評価値は真か偽となる．ゴールは SVO 形式の文で書く事が普通であり，iStar のように，誰のゴールかは明確ではない．GSN のモデルは説得のための道具であるため，開始点となるトップゴールは主観的なものでよい．例えば「コーヒーは紅茶より旨い」等がゴールの典型的な例である．

4）https://astah.change-vision.com/ja/product/astah-gsn.html

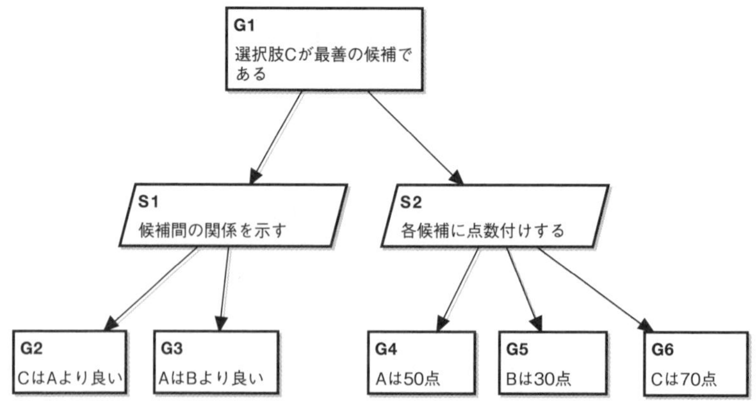

図 6.9　Strategy の利用

図 6.8 に非常に簡単な GSN のモデル例を示す．図中の矩形がゴールであり，丸は **Solution** と呼ばれ，ゴールが正しい証拠 (Evidence) を示すための要素である．図中のゴール G1 からサブゴール G2 と G3 への矢印はゴールの AND 分解であり，分解先のゴールすべてが真であれば，分解元も真という意味となる．基本的に，GSN では，この例の G1 のように最初に設定したゴールをより小さなゴール群に分解してゆき，分解されたゴールが真である根拠である Solution を列挙できれば論証は終了となる．

あるゴールをサブゴール群へ分解する方針を明示する要素 **Strategy** が GSN にはある．あるゴールの分解方針は複数通りあってもよく，KAOS における Case-driven 分解の Case を明示するような内容となっている．図 6.9 では G1「選択肢 C が最善の候補である」という主張をするため，二種類の異なる Strategy でゴールを分解している．GSN では特にどちらの Strategy が優れているかという議論は無いが，この例では，どちらの Strategy でも G1 が正しいことを主張することができる．一方，「システムは運用に際して安全である」というゴールが正しいことを主張するのに際して，「通常運用時に安全である」という Strategy と「異常事態でも安全である」という Strategy を設定した場合，双方の Strategy について論証する必要がある．

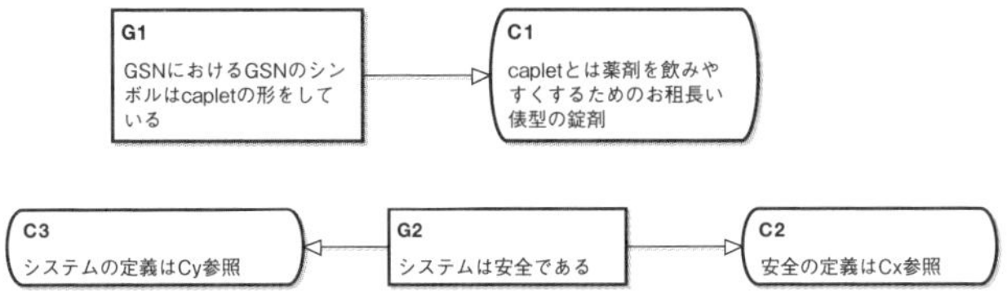

図 6.10　Context の例

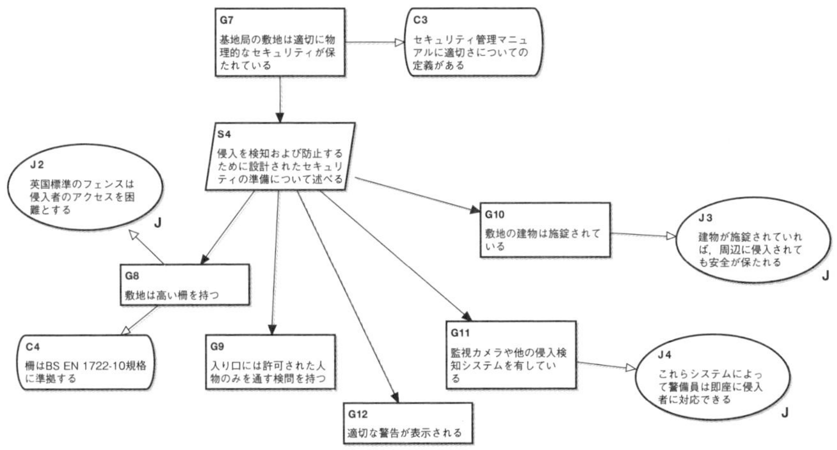

図 6.11　Justification の例

（2）ゴール等に対する補足説明の追加

ゴールや Solution に用いられる短文だけでは，その内容を把握することが困難な場合がある．これらを補足するための要素が GSN には用意されている．まず最初の要素は **Context** (Contextual Information) である．Context を用いて Goal 等内に出現する語句の定義，略語の説明，根拠となる法令，参照先の外部文書等を明示することができる．図 6.10 に簡単な例を示す．図に示すように Context は角の丸い矩形で表現される．

Context は単なる補足説明であるが，外部で論証済である事実を補足する場合には，**Justification** を用いる．図 6.11 に例を示す．Justification はモデルでは楕円で表示され，この例では，J2, J3, J4 の 3 つの Justification が提示されている．それぞれはあるゴールを補足しているが，これらによって，補足されているゴールが達成されることが，侵入の検知や防止

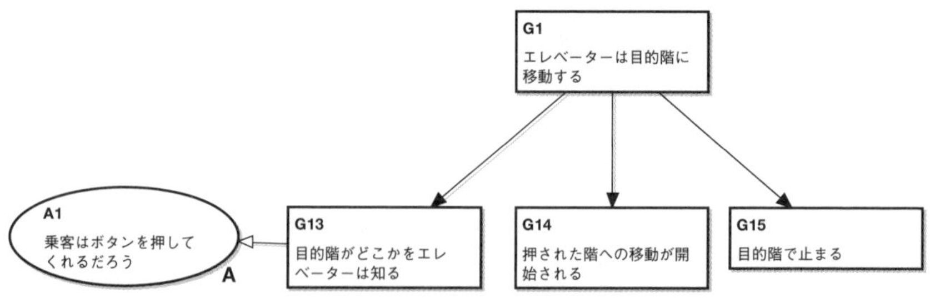

図 6.12　Assumption の例

に貢献する理由が明らかになっている．図 6.8 の Sn1 における「クサンチッペ」とは，ソクラテスの妻らしいが，このような情報は Context で表現できる．

Justification は外部において論証済である事実を述べているが，おそらく正しいであろうという想定も GSN では記述することができる．これは，KAOS において，人や外部機器によって達成が期待されるゴールに内容が近い．このような想定を注釈する要素を **Assumption** と呼ぶ．図 6.12 に例を示す．図 6.8 の G3「ソクラテスは人間である」が，その妻の証言によって論証されている．これは，妻なら夫が人間であるか否か知ることができるという事実に基づいているとすれば Justification として注記できるが，単なる記述者の想定とみなせば Assumption として注記するのが適切である．

7. まとめ

ゴールはその達成を望む者が存在し，達成を行う者も存在する．そして，達成を行う者がソフトウェア等の人工物の場合，そのゴールを含む業務や活動がソフトウェア等によって効率化されたといえる．ソフトウェアは人間とは異なる正確さ，速さ，持続性等を持つ．よって，ソフトウェア等によって達成されるゴールは，単にその達成が効率的になるだけでなく，速さや正確さ等の付加価値が発生しうる．また，人間では達成しえないゴールの一部をソフトウェアは達成可能であるため，従来では想像しえなかった要求の獲得につながる．iStar は，ゴール等を仲介に達成したい者と達成する者の関係をモデル化する手法である．よって，上記に述べたような要求の獲得を促進するツールと成りうる．

あるゴールは実際に達成可能であることを論証することは，そのゴール達成にかかわるソフトウェア開発前に必ず行う必要がある．この論証を行わないことで，たとえソフトウェアが完成しても，ゴールが達成できないという事態が起こってしまう．何故なら，あるゴールが達成可能か否かは，ソフトウェアに由来する物だけでなく，物理法則や法律，研究結果や公知の事実等に由来するものがあるためである．このような論証を明示するツールとして，本章では GSN を紹介した．GSN を用いた論証によって，予め，ゴールが達成可能であることを明示することが可能である．

参考文献

(1) Eric Yu 他編. Social Modeling for Requirements Engineering. MIT Press, 2011. iStar および，その派生に関する紹介図書.

(2) istar wiki http://istarwiki.org/tiki-view_articles.php

(3) J. Spriggs. GSN - The Goal Structuring Notation. Springer 2012. GSN の教科書の 1 つ.

研究課題

(1) 遠隔地に独居する高齢の父の見守りを地域の郵便局に依頼するという業務を iStar の SD モデルで記述しなさい．以下のアクター群をモデルで用いなさい:

- 私: 父に何かあった場合，知らせてほしい．
- 郵便局: 配達ついでに副収入を得たい．
- 父: 話し相手がほしい．

なお，上記に挙げた以外のゴールもモデルに記述してよい．

(2) iStar を用いて身近な業務や活動のモデリングを行いなさい．As-Is モデルと To-Be モデルそれぞれを記述してもよい．記述にはこのツール[5] を使ってもよい．

5) https://www.cin.ufpe.br/~jhcp/pistar/tool/

7 ネゴシエーション

海谷 治彦

達成すべき要求群の中に同時に達成することが不可能な要求の対が存在しうる．このような要求対を相互に矛盾する要求対と呼ぶことにするが，その矛盾は形式手法やゴール指向要求分析法で記述し発見することができる．しかし，その解消のためには，人間の主観的な判断が必須となる．システムは数多くの人間の願望に起因する要求群に基づき開発されるため，このような主観的な判断にはネゴシエーションが必須となる場合が多い．本章では，このような矛盾解消のための手法群を概観する．

1. 矛盾解消法の分類

冒頭の概要で述べたように，達成すべき要求群の中に同時に達成することが不可能な要求の対が存在しうる．これらの記述（モデル化）や発見は，他の章で述べた形式手法やゴール指向分析法で実施することが可能である．しかし，その解消はこれら手法では達成できない．この矛盾解消の基本的な手段は以下の通りである．

- どちらかの要求を諦める．どちらを諦めるかは人間達が主観的に判断するほかない．
- 要求は特定のゴール達成のするものだが，そのゴールを達成する別解に相当する別要求を模索し，矛盾を回避する．

また，異なるステークホルダを源泉とする要求対が矛盾する場合，以下のような視点が必要である．

- 代替案の模索によって，どのステークホルダも負け組とならない

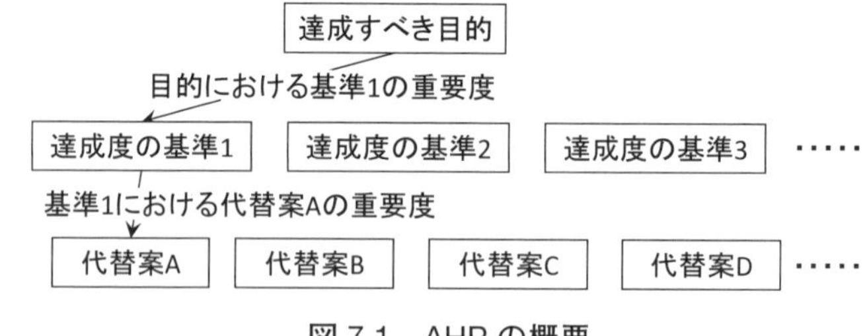

図 7.1　AHP の概要

ようにする．要求達成を完全に諦めなければならない場合，そのステークホルダは負け組とみなす．

- 矛盾していると思われる要求の解釈をステークホルダ間でそろえ，諦める程度を最小化する．

これらの分類に対応するような具体的な矛盾解決手法群を紹介してゆく．

2. 要求群の優先度づけと AHP

ある二つの要求が矛盾する場合，最も単純な解決法は，それらの間に優劣の関係をつけることである．Analytic Hierarchy Process (**AHP**)[1] は，優劣をできるだけ客観的につけるために利用できる有効な手法であり，要求工学だけでなく，数多くの分野で利用されている．図 7.1 に AHP の概要を示す．AHP によって，ある「達成すべき目的」に対して，複数の代替案が存在し，それらの間の優先度を数値化することを可能とする．例えば，「自動車を購入する」という目的に対して，複数存在する具体的な車種を選択する等である．よって，基本的には，同じ目的を達成する異なる手段間の優先度づけしかできない．しかし，AHP では，図 7.1 にも示すように，この達成する目的を複数の**達成基準**群によって規定している．よって，基準が共通している事項間の比較にも適用可能となる．例えば，あるソフトウェアの要求群は多くの場合，同じ目的達成のためのものではない．しかし，「実装や調達コストの大きさ」，「信頼性の高さ」，「セキュリティの高さ」，「実装や調達時間の短さ」等，測定可能な共通

1) T. Saaty. The Analytic Hierachy Process. McGraw-Hill. 1980.

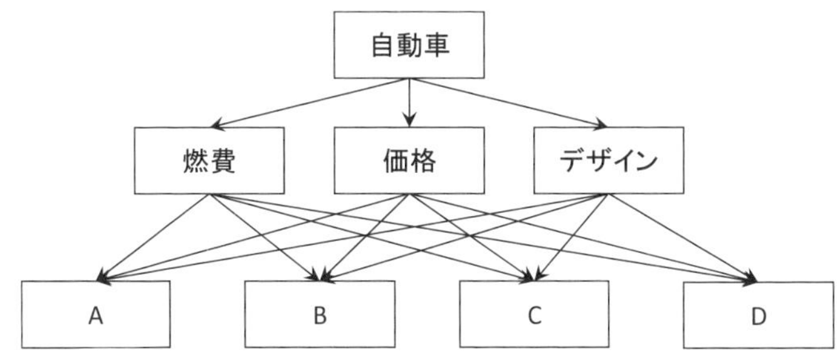

図 7.2　自動車購入のための 3 つの基準と 4 つの車種候補

基準は存在する．よって，互いに矛盾する要求群の比較にも適用可能である．

以下に，AHP の手順を示す．

1)　ある達成すべき目的を特徴づける基準を準備する．基準は複数あると良い．

2)　基準間の優先順位を**一対比較**（後述）し，それぞれの基準の重みの数値を決定する．ある基準と他の基準の比較は主観的に行うほかない．しかし，論点を基準間の優劣に絞ることで，ネゴシエーションの発散を防ぐことができる．

3)　目的を達成すべき案を複数準備する．矛盾する要求の優劣をつける場合，要求が案となる．

4)　それぞれの基準に基づき，案群の優位性を一対比較し，ある基準から見た案の重みの数値を決定する．一対比較も主観的に行うほかないが，やはりネゴシエーションの発散の防止に繋がる．Saaty が AHP を提案して以降，より簡易な重みつけ法を含む複数の方法が提案されている．

5)　それぞれの案に割り当てられた重みを基準の数値で重みづけを行い，総合評価の数値を決定する．数値が大きい案ほど良い評価となる．

以下に AHP の適用例を紹介する．この例では，図 7.2 に示すように，「自動車」を購入するという目的に対して，A, B, C, D という具体的な車種の候補（上記の手順 3）が存在するとする．これらの優先度づけを AHP で実施できることを例示する．この例では，自動車の選択のための

=3/(1/1+1/(1/5)+1/(1/7))

	燃費	デザイン	価格	調和平均	重み	
燃費	1	1/5	1/7	0.231	0.078	軽視
デザイン	5	1	1/3	0.714	0.240	中間
価格	7	3	1	2.032	0.683	重視
			合計	2.977	1.000	

価格は燃費より，かなり(7)重要

上記の和

= 2.032/2.977

図 7.3　3 つの基準間の重みの違いを一対比較で計算（手順 2）

基準は，「燃費」，「価格」，「デザイン」の三種類となっている（手順 1）．無論，それ以外の基準も存在はしうるが，この分析では，この 3 つの基準のみに注目する．

次に，この 3 つの基準の重みづけを一対比較と比較的簡単な重みづけ計算法（調和平均）を用いて紹介する．図 7.3 が一対比較の具体例である．図中にあるように，3 つの基準を縦横にとった行列をまず作成する．そして，その行列の要素に，2 つの基準の重要度が，どのような比率になるかを，主観的に点数づけする．無論，同じ基準は比率が同じなので，対角要素は 1 となる．ここで評価を行った人物は以下のような主観を持っていたとする．

1）　燃費：デザイン ＝ 1：5

　　燃費よりデザインを 5 倍重視する．

2）　燃費：価格 ＝ 1：7

　　燃費より価格を 7 倍重視する．

3）　デザイン：価格 ＝ 1：3

　　デザインより価格を 3 倍重視する．

上記に基づき，行列に，1 の値をとった基準の行と他方の列の交点セルに 1 でない方の数値を埋め込む．例えば，燃費の行とデザインの列の交点には 5 を埋め込む等である．一方，行と列が逆となるセルにはこの数値の逆数を埋め込む．この行列に基づき調和平均を行ごと（基準ごと）に計算する．計算法は図中の吹き出しに示す通りである．調和平均値のままでは重要度がわかりにくくので，それぞれの基準の調和平均値の比率を

	A	B	C	D	調和平均	重み	
A	1	3	1	1/3	0.750	0.188	
B	1/3	1	1/3	1/7	0.286	0.071	ビリ
C	1	3	1	1/3	0.750	0.188	
D	3	7	3	1	2.211	0.553	一番
				合計	3.996	1.000	

図 7.4　4 つの候補を基準「燃費」の観点から一対比較

	燃費	デザイン	価格	総合評価	
	0.078	0.240	0.683		
A	0.188	0.163	0.277	0.243	
B	0.071	0.364	0.324	0.314	一位
C	0.188	0.180	0.148	0.159	ビリ
D	0.553	0.293	0.251	0.285	

図 7.5　総合評価の計算

計算し重みとする．結果，この例では，価格が最重要視され，燃費は酷く軽視されていることがわかる．なお，調和平均は重みづけ計算法の一例に過ぎず，他の計算方法も提案されている[2)]．

次に 4 つの候補を，それぞれの基準ごとに一対比較を同様に行う．図 7.4 には，燃費の観点からの比較のみを記述しているが，実際には，この図と同じような計算を，デザインと価格についても別途，記述する必要がある．この例では，燃費の観点からは，車種 D が最も優れており，B が最も劣るという評価が下されている．

最後に，基準ごとの車種の重みづけを，それぞれの基準の重みを用いて重みづけすることで総合評価を決定する．図 7.5 はその結果を示したものであり，結果として，車種 B が最も高い評価となり，C は最低の評価となった．

一対比較を行う場合，人が決定する比率の値に一貫性が損なわれる場合がある．例えば，上記の燃費，価格，デザインの比率において，

　デザイン：価格 = 3 : 1

2）西崎 一郎．意思決定の数理．森北出版．2017.

と決定を下した場合，他の 2 つの比率と整合性が無い．なぜなら，他の二つから，価格のほうがデザインより重視されていると推論できるからである．AHP には決定した比率に一貫性があるか否かを判断する指標が準備されている．この指標値が極端に悪い場合，一対比較の再検討が必要となる．具体的な指標の計算法は参考文献[3]に譲る．

3. WinWin 法

それぞれの要求は多種のステークホルダに由来するため，相互に矛盾する場合がある．その矛盾を解決するために，ある要求を却下し，別の要求を採用した場合，ステークホルダ内に勝ち組と負け組の格差が生じてしまう．しかし，このような格差は結局のところ全員が負け組となってしまう状況を生み出す．例えば，即席で安っぽくいい加減な製品となる要求を採用した場合，当面は開発者と顧客（スポンサー）は勝ち組となり，利用者は負け組となる．しかし，そのような開発をした開発者の評判は落ちるし，そのような製品では業務を回せないため，顧客は余計な支出を余儀なくされる．すなわち，勝ち組と思われたステークホルダも負け組に転落してしまうのである．

B. Boehm らが提唱した **WinWin Spiral Model**[4] は，すべてのステークホルダが勝ち組となるようにネゴシエーションを行うための枠組みを含んでいる．WinWin Spiral Model でのネゴシエーションの考え方は以下のように非常に単純である．

1) あるシステムにおいて鍵を握るステークホルダを識別する．
2) そのシステムにおけるそれぞれのステークホルダの勝利条件を識別する．
3) 勝利条件が矛盾する場合，その調停を行うためにネゴシエーションを行う．

3) 西崎 一郎．意思決定の数理．森北出版．2017.

4) B. Boehm 他. Using the WinWin Spiral Model: A Case Study. Computer, Jul. 1998.

ネゴシエーション法自体は Harvard Negotiation Project の技術[5) を流用する.

具体的に調停をするための指向の枠組みとしては以下を利用する.

- Issue: 対立課題, 勝利条件間の対立の明示.
- Option: 代替案 対立を回避するための代替案.
- Aggreement: 勝利条件を満たすと対立するステークホルダが判断した代案.

これらは当時流行していた **CSCW** (Computer Supported Cooperative Work) の技術群, 例えば, **IBIS**[6) や **QOC**[7) 等に影響を受けているようである.

WinWin Spiral Model は, その名の通り, Spiral Model に全員が勝者となるようなネゴシエーションのステップを追加したものである. Spiral Model では, その進捗が期待通り進んでいることを確認するためのマイルストーンが必要である. WinWin Spiral Model では, 以下の三種類のマイルストーンが提案されている.

- LCO (life-cycle objectives): 運用コンセプトやシステム要求の定義等, 6 種類の事項を定義し, それらを満たすシステムやソフトウェアのアーキテクチャが, 少なくとも 1 つは存在することを確認すること.
- LCA (life-cycle architecture): アーキテクチャを 1 つ選択し, それに基づきリスク分析等を含め設計を行うこと.
- IOC (initial operational capability): 動くシステムを準備すること. そこには, 設備の準備や利用者教育等も含まれる.

---

5) R. Fisher and W. Ury, Getting to Yes, Penguin Books, New York, 1981. 和訳も入手可能.

6) H. Rittel and M.Webber. Dilemmas in a general theory of planning. Policy Sciences, Vol. 4, 1973.

7) MacLean, A., Young, R.M., Bellotti, V.M.E., and Moran, T.P. Questions, options,and criteria: Elements of design space analysis. Human-Computer Interaction, Vol. 6, No. 3 & 4, pp. 201 250, 1991.

文献[8] では，これら 3 つを，それぞれ，婚約，結婚，第一子出産に例えている．

以下に文献[9] の事例にある勝利条件群の例を挙げる．

- ステークホルダ 1: 図書館情報技術のコミュニティ
  1) 図書館長のビジョンに基づく図書館のデジタル化能力を推進する
  2) 新たに出現したマルチメディアのアーカイブやアクセスツールを評価する
  3) 図書館において利用者がマルティメディアを利用する能力を高める
  4) デジタル図書館サービスを提供する図書館員の能力を強化する
  5) 先進的なアプリケーションに対する限定的な予算のてこ入れする

- ステークホルダ 2: 図書館運営者のコミュニティ（利用者を含む）
  1) 図書館サービスに持続する
  2) 既存システムへの処理との分断を回避する
  3) システム管理者へ職歴を向上させる機会を与える
  4) 大学のネットワーク運用とサービスとの分断を回避する
  5) 技術によるより効率的に運用する

- ステークホルダ 3: 教員と大学院生を含めた開発者側
  1) プロジェクト間の類似性を高める
  2) WinWin spiral model への合理的な適合を行う
  3) 5〜6 人の学生で構成される 15〜20 個程度のプロジェクトとする
  4) 一つの学期間で意味ある LCA を達成する

---

8) B. Boehm 他. Using the WinWin Spiral Model: A Case Study. Computer, Jul. 1998.

9) B. Boehm 他. Using the WinWin Spiral Model: A Case Study. Computer, Jul. 1998.

5) 二学期間で意味ある IOC を達成する
6) 適切なネットワーク，コンピュータおよびインフラの資源を用いる

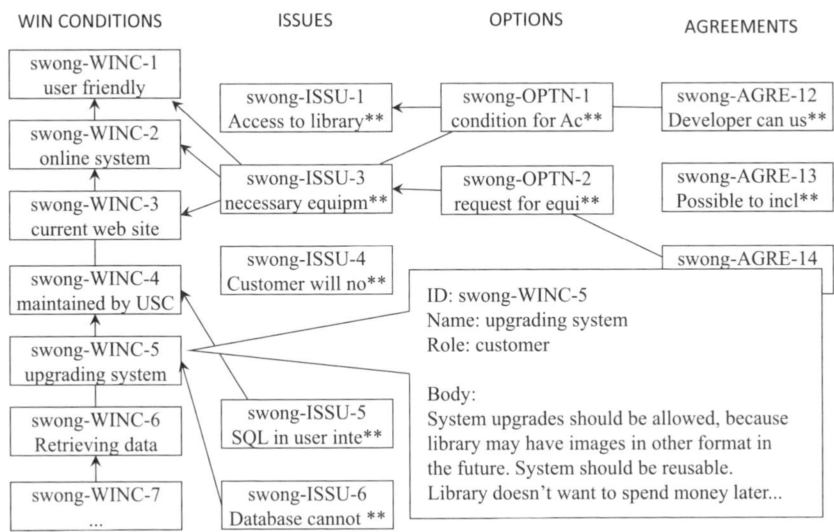

図 7.6　WinWin 法実施の UI 例（文献より）

この例では，ある大学の図書館システムにマルチメディアコンテンツへのアクセスの機能を追加するシステム開発が題材とされている．また，開発は大学院生の授業の一貫として行われ，複数のプロジェクトが実施された．なお，この開発は 1990 年代後半に行われたものであるため，システムの内容は本書執筆時から見ると古いものに見える．

上記の勝利条件はトップレベルのものであるため，直接に対立するものを認識しにくい．文献[10]では，図 7.6 のようなツール画面において，具体的な勝利条件，Issue, Option, Agreement の一部が例示されている．例えば，「swong-WINC-1 user friendly」，「swong-WINC-2 online system」，「swong-WINC-3 current web site」の勝利条件は，「swong-ISSU-3 necessary equipment」という Issue と関連づいており，この Issue に

10) B. Boehm 他. Using the WinWin Spiral Model: A Case Study. Computer, Jul. 1998.

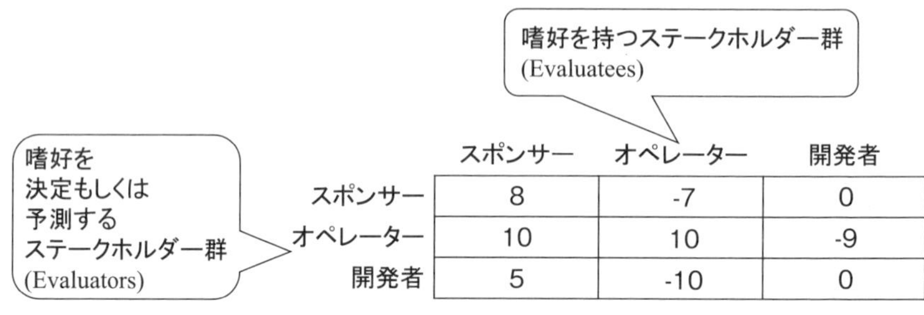

	スポンサー	オペレーター	開発者
スポンサー	8	-7	0
オペレーター	10	10	-9
開発者	5	-10	0

図 7.7　Preference Matrix の例

は 2 つの Option(OPTN-1 と OPTN-2) が設定されている．画面上では内容が見えないが，1 つの Agreement に到達しているようである．他にも同様の関係が画面上で確認でき，前述の IBIS や QOC に似た形式でネゴシエーション内容を記録し，少しでも合理的な合意を得るような支援を行っているようである．

4. AGORA

ステークホルダによってある要求を達成を好ましいと思ったり，好ましくないと思ったりする**嗜好 (preference)** がある．このような嗜好がステークホルダによって異なることも一種の矛盾である．しかし，ステークホルダごとの要求やその達成に関する勝手な想定が，このような矛盾を引き起こしている場合もある．他のステークホルダが行っている想定を見誤って，そのステークホルダの嗜好を誤解している場合もある．**AGORA** (Attributed Goal-Oriented Requirements Analysis) [11] に含まれる **Preference Matrix** は，このような嗜好の誤解を検知し，その背景にある誤った想定を発見するツールである．

Preference Matrix は AGORA のようなゴール指向要求分析モデルとともに利用するのが便利であるが，ユースケースモデルにおけるユースケースや，単なる要求項目リストの項目に対しても適用可能な柔軟性の高い技術である．以下に図 7.7 の簡単な例を用いて Preference Matrix の

11) H. Kaiya 他. AGORA: Attributed Goal-Oriented Requirements Analysis Method. RE'02, Sep. 2002.

内容を説明する．図にあるような行列をゴールモデルのゴールやユースケース，要求項目につける．この行列中のセルの値は「あるステークホルダが当該項目をどれだけ好ましく思っているか」の数値が埋められている．最も好ましい場合は10, 最も好ましくない場合は-10，無関心な場合は0の整数値をそれぞれ埋める．Preference Matrix の特徴は，この数値をそれぞれのステークホルダが自身の嗜好を示す値を埋めるだけでなく，「他のステークホルダの立場になって」他のステークホルダの嗜好も埋めるところである．図中の対角線要素は，あるステークホルダが自身の嗜好値を埋めたものである．一方，対角以外の要素は，他人の立場を想像して，他人の嗜好の値を埋めたものである．例えば「オペレーターは当該要求要素を絶対に認められないレベルで好ましくない」という嗜好を持っていると，開発者はオペレーターの立場に立って想像し，その結果を -10 という数値で表している．同様に，「開発者は当該要求要素を耐え難いレベルで好ましくない」とオペレーターは開発者の立場に立って想像し，その結果を -9 という数値で表している．

このような行列を分析することで，ステークホルダごとの想定が異なっていることの兆候を発見できる．分析法は極めて簡単で，列方向の分散値を計算し，その値が極めて大きい場合，ステークホルダ間での想定が異なっている可能性があると判断し，数値をつけたステークホルダに，その数値にした理由を問い合わせ，想定の差異を発見する．例えば，図7.7の場合，スポンサーの列の分散はそれほど大きくないので，この要求項目のスポンサーにかかわる点についての想定は，全ステークホルダ間で大きくずれていないと判断する．しかし，オペレーターと開発者の列の分散は非常に大きい．これを，大きな想定の違いの兆候とみなし，ステークホルダに問い合わせを行う．この例のオペレーターの列では，当該要求項目を達成する機能によって，作業はほぼ全自動化されるとオペレーター自身は想定して 10 の数値をつけたようである．しかし，スポンサーと開発者は多くの手作業処理が残りオペレーションを行うことが煩雑であろうと想定し，-7 や -10 の値を付記したようである．列方向の分散の大きさによって発見した兆候によって，上記のような想定の違い

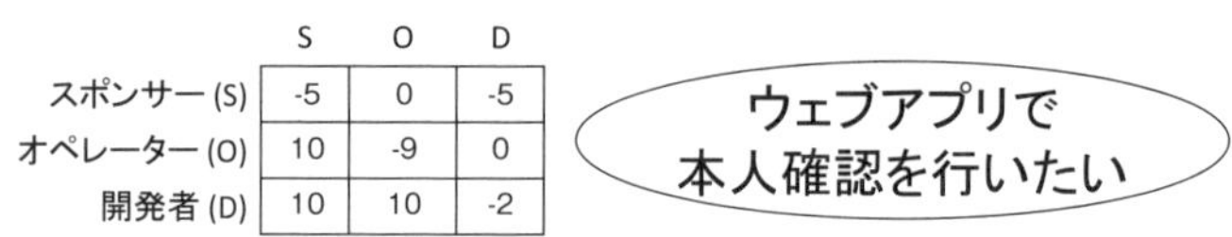

図 7.8　ウェブでの本人確認をするゴールの Preference Matrix

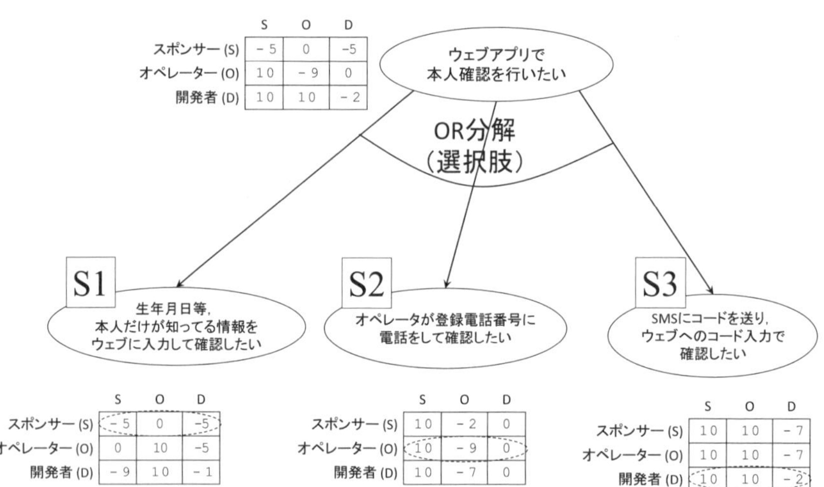

図 7.9　ステークホルダごとの想定に基づくサブゴールをを明示（S1, S2, S3 の三種類）

をステークホルダから聞き出すことが可能となったのである．

ゴールモデルの上位部分にあるゴールは抽象的な記述が多いため，そのゴールに対する嗜好を決めるための想定は，ステークホルダによって異なってしまう場合が多い．Preference Matrix によって，このような想定を明示することで，矛盾の解決だけでなく，ゴールを具体化する分解の促進にも貢献する．図 7.8 から 7.10 を用いて簡単な例題を紹介する．AGORA に基づきゴール「ウェブアプリで本人確認を行いたい」に Preference Matrix を付記しているのが図 7.8 である．Matrix の列方向の分散は大きいため，それぞれのステークホルダは全くことなる想定をしているものと推測し，要求分析者はそれぞれのステークホルダに対して，どのような想定をしているのかを聞き出す．

その結果，図 7.9 にあるように，全く異なる本人確認方法を想定してい

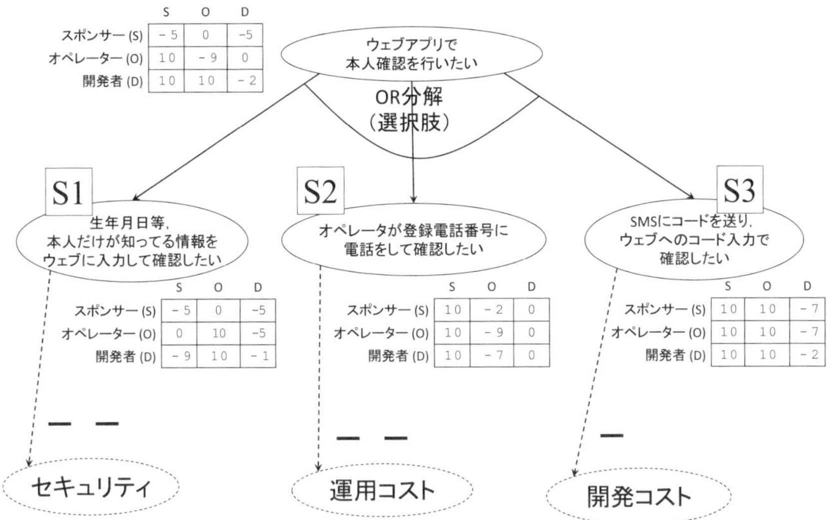

図 7.10　各サブゴールでの分散の大きさから本ゴールに関係する品質要求を明示

たことが判明した．スポンサーは S1 を想定しており，セキュリティ上，問題があると考え -5 をふっている．スポンサーから見て S1 の場合，オペレーターの介在が少ないので，スポンサーから見たオペレーターは 0 となっている．スポンサーからは，このような確認処理を自動で行うのは，若干，手間のかかる実装が必要だと想像し，スポンサーから見た開発者は-5 となっている．S2 はオペレーターが想定していた本人確認であり，運用に手間がかかるので，オペレーターは自身の評価値を最低に近い -9 にしている．S3 は開発者が想定していた確認法であり，S1,S2,S3 の中では最も技術的洗練されている．開発者にとって，S1 や S2 と比べれば，若干手間はかかるが，それほど耐え難いものではないことを -2 として数値化している．

S1, S2, S3 の Preference Matrix をふってもらっても，列方向の差異が出ている．ここでの差異に基づいて，ステークホルダが関心を持っている特性を顕在化することが可能となっている．図 7.10 にその結果を示す．S1 をオペレーターと開発者にそれぞれ評価してもらった結果，オペレーターとそれ以外の差異が大きい．その理由をステークホルダに問い合わせた結果，セキュリティ，ここでは成りすましに対しての関心が原因であるとわかった．システムの入力操作にしか関心のないオペレーターにとって，システムがセキュアであることは何の関心も無いが，スポンサーにとっては大きな関心事である．開発者は事の重大性を技術的な観点からスポンサー以上に認識していため，-9 の数値がふられている．よって，セキュリティのゴールを設定し，そこへの否定的な貢献リンクを図に追加している．貢献リンクは第 6 章の iStar の表記を用いており，-は否定的な影響，--はより大きな否定的な影響を示している．S2 については，実際にオペレーターへの負担が重大であるが，スポンサーはその点をそれほど重くみていない．オペレーターの列の差異はこれによって発生している．よって，運用コストのゴールを設定し，S2 からの否定的な貢献リンクを張った．S3 については，スポンサーとオペレーターは素人視点で開発に大きな手間がかかると思い，開発者の列において -7 の数値をふっている．開発者自身からすれば，他に比べ若干の手間はかかるが，それほど大きく無いため -2 となっているため，S3 の開発者列の分散は大きくなる．これによって，開発コストのゴールを設定し，S3 はこのゴールに若干の否定的な貢献があることを明示できた．

5. まとめ

あるシステムの構築のもととなる要求群は異なるステークホルダが源泉となっている場合が多い．そして，それらステークホルダは時として相反する理念や利害を持つため，要求群が互いに矛盾する場合がある．また，ステークホルダは知識や経験が異なるため，ある要求や要求を充足するシステム機能群に対して異なった想定を持つ場合がある．このような想定の差異は，ある要求項目への嗜好の差として顕在化する．本章では，AHP, WinWin, AGORA を例に，これらの問題をネゴシエーションを通して解決するための手法の紹介を行った．これらの手法ではステークホルダ間での要求の交換 (**RX**: Requirements eXchange) が重要である．DX (Digtal Transformation), UX (User Experience), CX (Customer

Experience) に続き要求工学の分野でも，X を接尾語に持つ概念が今後重要になると思われる．RX に基づくネゴシエーションは AI(人工知能) によって，人々の嗜好や理念の模倣を行うことで支援が可能と思われる．RX での AI の利活用を通じて，AI が AX へ昇華することを期待したい．

参考文献

(1) 妻木 俊彦他．要求工学概論．近代科学社．2009．4.2.2 章の合意形成法において，本章と同様の話題を取り扱っている．
(2) 西崎 一郎．意思決定の数理．森北出版．2017．AHP を含めた意思決定手法が紹介されている．

研究課題

(1) ゴール「セルフレジで支払いを済ます」に対する Preference Matrix を記述しなさい．なお，若い店員, 高齢の客, オーナーの 3 種類のステークホルダが本ゴールに関与しているものとする．また，店員自身はレジ作業以外の仕事が多いため忙しいと感じており，高齢の客は機械の操作が難しいと感じており，オーナーは万引きが横行しないか心配しているものとする．加えて，あるステークホルダは他のステークホルダの左記のような嗜好を知らないものとする．

(2) AHP を用いて類似したソフトウェアやサービスの比較を実施しなさい．比較対象も基準も任意に選択してよい．例えば，ウェブブラウザ群の比較，インターネットにおける通販サイトの比較，料理の宅配サービス群の比較等を実施しなさい．

8 要求仕様の品質と構成

大西　淳

要求に抜けがあったり，要求間に矛盾があったりするとソフトウェア開発が潤滑に進まない．要求と要求仕様が満たすべき品質特性について紹介し，要求仕様をどのように構成するとよいのかを示す．さらに，与えられた要求仕様の誤りや問題点を指摘できるようになることを目指す．

1. 要求と要求仕様の品質特性

要求に誤りがあったり，要求仕様に抜けがあったりすると，要求仕様に基づいて開発したソフトウェアにも機能の抜けが生じたり，利用者が望まないサービスを提供したりすることになる．その結果，ソフトウェア開発のやり直しが必要となったり，場合によっては開発プロジェクトが失敗に終わってしまったりすることもある．

本節では，要求文の表現法，個別の要求が満たすべき**品質特性**と，要求仕様が満たすべき品質特性をISO/IEC29148:2018[1]，JIS X0166:2021[2]に基づいて紹介する．

(1) 要求の表現 (JIS X0166:2021:5.2.4 節)

要求は，ニーズとそれに関連した制約や条件を表現するものである．要求は，自然言語と図表によって記述されることが多い．自然言語で表現する場合，要求文は，主語や動詞だけでなく，要求内容を適切に表現するために，目的語や副詞・形容詞，さらには条件や制約事項といった要素を含むことが望ましい．要求は，要求の動作主体（例えば，システムやソフトウェアなど），何をするのか（例えば，「見積書を印刷する」や「平均値を計算する」など），あるいはシステム制約を記述しなければならない．図 8.1 に要求の構文例を示す．要求を表現する他の手段には，条件とアクションによるデシジョンテーブル (決定表) やユースケース記述などがある[1)]．

要求文を表すために，どのような文末表現にするかをあらかじめ決めておくことが重要である．具体的には，以下に示した方法がよく用いられる．

- 要求は必須で，かつ拘束力のある規定であり，「〜しなければならない（shall)」，「〜を満たすこと」と表現する．
- 要求でない文，例えば説明文では，「〜である（are, is)，〜であった（was)」と表現する．ただし，日本語では「〜であること」という表現で要求を表すことができる（例えば，「応答時間は 1 秒未満であること」）ので注意すること．要求ではないのに，要求であるとの誤解を避けるため，「〜すべきである（must)」とは表現しない．
- 事実や未来の記述，あるいは目的の宣言は，必須ではなく，拘束力のない規定であり，「〜する（will)」と表現する．「〜する」は，文脈や制限事項を明らかにするために用いられる．
- 好ましい状態やゴールは，望ましいが，必須ではなく，かつ拘束力のない規定であり，「〜することが望ましい（should)」と表現する．「〜することが望ましい」と表現された事項は必須な要求ではないが，オプショナルな要求とみなされることがある．「〜することが望ましい」機能をソフトウェア製品に実装することにより，実装しない場合に比べて製品の価値を高めることができる．
- 提案あるいは許可事項は，必須ではなく，拘束力のない規定であり，「〜してもよい（may)」と表現する．
- 要求文は肯定形で表現し，「〜してはならない（shall not)」などの否定形は用いない．「〜してはならない」という表現は，それが要求かどうかの判断が難しくなる恐れがある．

1）大西　淳ほか：「要求工学」，共立出版，2002.

[条件] [主体] [対象] [動作の制約] [動作]

例 [条件:] 返却期限を過ぎたら, [主体:] システムは [対象:] 利用者宛ての督促状を [動作の制約:] 1 分以内に [動作:] 送信しなければならない.

あるいは

[条件] [主体] [対象] [動作の制約] [動作]

例 [条件:] 高精度印刷モードでは, [主体:] 印刷システムは [対象:] A4 サイズの資料を [動作の制約:] 毎分 10 ページで [動作:] 印刷しなければならない.

あるいは

[主体] [動作の制約] [動作]

例 [主体:] 地震検知システムは [動作の制約:] 地震波検出後 1 秒以内に [動作:] 警告しなければならない.

図 8.1 要求の構文の例 (JIS X0166:2021:図 1)

- 要求文は能動態で表現する.「〜であることが要求される (it is required that)」などの受動態を用いない. 動作主体が明確でないと, 動作主体を誤解したり, その文が要求かどうかの判断を曖昧にする恐れがある.
- 「〜できること (shall be able to)」などの表現は用いない.

要求工学に特有のすべての技術用語は, 厳密に定義した上で, システムの要求全体を通して一貫して用いることが望ましい.

条件は, 要求に対して規定された測定可能な定性的もしくは定量的な属性である. 条件は, 必要とする要求を限定し, 妥当性確認と検証が可能な方法で定式化され, 表現された要求の属性である. 条件は, 設計者に公開された選択肢を限定する場合がある.

制約は，システム工学プロセスの設計における解法や実装を制限する．制約は，すべての要求に渡って適用されたり，あるいは特定の要求や要求の集合との関連で明示されたり，あるいは独立した要求（つまり，どんな特定の要求にも縛られない）として識別されたりすることがある．

要求となる制約の例を以下に示す．

- 既存システムとのインタフェース（例えば，フォーマット，プロトコル，または内容）を変更できない場合
- 物理的なサイズの制限（例えば，制御装置は航空機の翼の限られたスペースに収納されなければならない）がある場合
- 特定の国の法律
- 利用可能な期間や予算
- 既存技術のプラットフォーム
- 保守の制約
- 利用者やオペレータの能力と限界

優先順位，タイミング，あるいは相対的な重要度を示すために，要求をランクづけ，あるいは重みづけしてもよい．シナリオ形式の要求は，利用者の観点からのシステムの振る舞いを表す．

（2）個別の要求の品質特性 (JIS X0166:2021:5.2.5 節)

個々の要求は以下の品質特性を満たす必要がある．

必要性 (necessity): 個々の要求は，それぞれが本質的な機能，特性，制約，品質要素を定義するものである．ある要求が仕様に含まれなくなると，他のすべての要求を実現したとしても，その要求の機能や特性を満たすことができなくなってしまう．このように個々の要求はそれぞれが必要不可欠であるべきである．要求は時間の経過とともに陳腐化したものであってはならず，現時点において適切なものである．有効期限や有効開始日を伴った要求の場合は，そのことが明示される必要がある．

適切性 (appropriateness)： 要求の趣旨や詳細度は適切に記述されなければならず，それが参照する実体のレベルに対して多すぎても少なすぎても良くない．（つまり実体のレベルに対する抽象度が適切でなければならない．）これにより，実装の独立性を可能な限り許し，アーキテクチャや設計において不要な制約を課さないことになる．

非あいまい性 (unambiguity)： 要求は一意に解釈されなければならない．要求は簡潔にかつ分かりやすく表現されるべきである．もしもある要求に対して2通り以上の解釈が可能であるとし，解釈Aが正しく，解釈Bが誤りだった場合に，ある開発者がBと誤解したまま開発を進めると，結果として必要な機能が実装されなかったり，不要な要求が実装されたりする恐れが生じる．

完全性 (completeness)： 要求は実体のニーズを満たすように，必要な機能，特性，制約，品質要素が十分に記述されるべきであり，その要求を理解するために補足情報を必要としてはならない．要求文で本来記載すべき動作主体や目的語，あるいは制約が抜けてしまうと完全性を低下させることとなる．

単一性 (singularity)： 要求は単一の機能，特性，制約，または品質要素を記述するものでなければならない．1つの要求文に複数の要求が書かれると，一方のみを削除・変更する場合に誤って他方を削除・変更する恐れがある．また一方にのみ有効な制約を他方にも適用してしまうなどの問題が生じる．単一の要求は単一の機能，品質，あるいは制約から構成されるが，単一の要求に複数の条件を持たせることは可能である．

実現性 (feasibility)： 要求は実現可能であり，容認できるリスク下でのシステム制約（例えば，開発費用，開発スケジュール，技術）を満たすものでなければならない．

検証可能性 (verifiability)： 要求は，その実現によって，顧客が満足することを証明できる（検証できる）ように構造化され，表現されなければならない．要求が計測可能であると検証可能性は高まる．（例えば「応答時間が短いこと」よりも「応答時間は 10msec 以内であること」の方が検証可能性が高まる）

正当性 (correctness)： 要求はニーズを元にして，変換されたものであるが，変換前の実体のニーズを正確に表現すべきである．

準拠性 (conformity): 要求仕様を扱う組織で承認された，要求を記述するための標準的なテンプレートや様式に，個々の要求項目は準拠すべきである．

（3）要求仕様の品質特性 (JIS X0166:2021:5.2.6 節)

一方，複数の要求間で満たされるべき品質特性や，要求仕様が満たすべき品質特性には以下のものがある．

完全性 (completeness)： 要求仕様に，実体のニーズを満たすために必要な機能，特性，制約，あるいは品質要素がもれなく記述されており，追加情報を必要としないことを指す．加えて，要求仕様には TBD(To Be Defined,　未決定事項), TBS(To be Specified,　要仕様化事項)，あるいは TBR(To Be Resolved,　未解決事項) といった用語を含んではならない．これら TBx で指定された要求項目は反復的に要求を分析することによって解消できるが，リスクや依存関係によって決まる，許容できる期限内に解消されなければならない．完全性を高めるためには以下を実践されたい．

i) 考慮中の対象システムに関係するすべての要求タイプを仕様化する

ii) ソフトウェアのライフサイクルの全段階での要求を検討する

iii) 要求獲得，要求の理解や要求分析における全ステークホルダを含めるようにする

一般論として，要求定義の進化中に TBx で指定した項目を仕様中に含める必要がある．なぜなら，システムの分析結果やトレードオ

フの選択決定が，要求定義プロセスに伝えられて，TBx 項目が解消されることがあるからである．しかしながら，すべての TBx 項目が解消されるまでは，その要求仕様は完全性を満たしているとは言えない．

無矛盾性 (consistency)： 要求仕様が個々の要求から構成されており，要求は他に同じものがなく，お互いに矛盾せず，他の要求と部分的に重なりがないこと，かつ測定単位が均一である場合に，その仕様は無矛盾となる．要求仕様中で用いられる技術用語は「無矛盾 (consistent)」であるべきである．換言すると，仕様中では同じ用語は同じことやものを意味する．

実現性 (feasibility)： 要求仕様中の全要求は，許容可能な実体の制約（開発コスト，スケジュール，技術）下で実現可能であることを指す．

包括性 (comprhensiveness)： 要求仕様は実体によって何が期待されているかが明らかであるとともに実体と部分となる対象システムとの関係が明らかであるように記述されることを意味する．

妥当性確認可能性 (ability to be validated)： 要求仕様を満たすことは実体のニーズが制約（開発コスト，スケジュール，技術，法律，規制の遵守）内で達成されることに繋がる．これを実践できることを意味する．

これらの品質特性に関して要求仕様を注意深くチェックすることにより，ソフトウェアライフサイクルにおいて，開発コスト，スケジュールやシステムの品質に影響を与えるような要求変更や要求成長（"requirements creep"）を避けることが可能となる．

（4）要求文の表現 (JIS X0166:2021:5.2.7 節)

日本語で要求を記述するときは，前々節と前節で紹介した品質特性に留意しつつ，以下の事項を考慮して記述するとよいだろう．

要求は，「いかに」ではなく，「何」が必要であるかを記述することが望ましい．要求は，対象システムにとって必要なことを示し，対象システムのための設計上の決定を含めないようにすることが望ましい．しかしながら，要求をシステムの各レベルに割り当て，そして分割する際に，より上位レベルで定義した設計上の意思決定や解法となるソフトウェアアーキテクチャを認識することがある．これは，要求，アーキテクチャ及び設計プロセスの反復的かつ再帰的な適用と言えよう．

あいまいな用語や一般的な用語は，使わないようにする．これらは，検証を困難にするか不可能にしてしまい，解釈にあいまいさをもたらしてしまう．以下に，定義の範囲が不明確であったり，あいまいであったりする用語のタイプを示す．

- 最上級を表す用語（例えば「最も良い」や「最大の」）
- 主観的な用語（例えば「ユーザフレンドリな」，「使いやすい」，「コスト効率のよい」）
- あいまいな代名詞（例えば「それ」，「これ」，「あれ」）
- 副詞，形容詞などのあいまいな用語（例えば「ほとんどいつも」，「重要な」，「小さい」）
- あいまいな論理文（例えば「または」，「かつ／または」）
  「または」や「および」，「かつ／または」といった用語が現れる場合は，その要求文を複数の要求文に分割することを検討する．
- 制約のない，検証不能な用語（例えば「支援を提供する」，「～に限定するものではない」，「最小限で」）
- 比較級を表す語句（例えば「～よりも良い」，「より高品質の」）
- 抜け穴（例えば「可能ならば」，「適切に」，「適用可能な場合」）
- 全体を意味する用語（例えば「すべての」，「いつも」，「決して～ない」，「みんな」）
- 不完全な参照（例えば，参考資料に日付やバージョン番号を示していない，参考文献の適用部分を示していない）

2. ソフトウェア要求仕様の構成例 (JIS X0166:2021:9.6 節)

ソフトウェア要求仕様（Software Requirements Specification, 以下SRS）は，特定の環境において，ある機能群を実行する特定のソフトウェア製品，プログラム，あるいはプログラムの集合に対する仕様である．SRS は供給者の代表または獲得者の代表のいずれか，あるいは双方によって記述される．

SRS がプロジェクト計画全体において果たす役割を考慮することは重要である．ソフトウェアは，本質的にプロジェクトのすべての機能を含む場合や，より大きなシステムの一部を構成する場合もある．後者の場合では，システムとそのソフトウェア部分の間のインタフェースを記述するとともに，そのソフトウェア部分に外部からの性能要求と機能要求を配置する要求仕様が存在するのが典型的である．もちろん，その SRS は，これらのシステム要求に一致し，これらのシステム要求に合わせて拡張されることが望ましい．SRS は，要求の優先度と重大度を示す．SRS は，それを適用する特定のソフトウェア製品に求められるすべての能力を定義するとともに，ソフトウェアが動作する際の条件と制約，およびその要求に対して計画的な検証方法を文書化する．

（1）SRS の章構成 (JIS X0166:2021:8.5.2 節)

SRS の構成法が分かりやすいとステークホルダが合意した構成を採用することが望ましい．ただし，どんなシステムにでも適用できる最適な構成方法が存在するわけではない．SRS の章構成の例を図 8.2 に示す．

SRS 中の要求に対する構成方法の例を以下に示す．

システムモード: システムには，運用するモードごとに全く異なる振る舞いをすることがある．例えば，制御システムは，訓練時，通常運転時，縮退運転時，あるいは緊急時によって提供する機能が大きく異なる．

利用者クラス: システムには，異なる利用者クラスに対して異なる機能

1. はじめに
  1.1 目的
  1.2 適用範囲
  1.3 製品の概要
    1.3.1 製品の概観
    1.3.2 製品の機能
    1.3.3 利用者の特性
    1.3.4 制限事項
  1.4 用語の定義
2. 参考文献
3. 詳細な要求
  3.1 機能要求
  3.2 性能要求
  3.3 ユーザビリティ要求
  3.4 インタフェース要求
  3.5 論理データベース要求
  3.6 設計制約
  3.7 ソフトウェアシステム属性を満たすための要求
  3.8 支援情報
4. 検証
  (第 3 章の節と同様)
5. 付録
  5.1 前提条件と依存事項
  5.2 頭字語と略語

図 8.2　ソフトウェア要求仕様の章構成の例
(JIS X0166:2021:図 8)

を提供することがある．例えば，エレベータ制御システムは，一般利用者，保守作業者，消防士に対して，それぞれ異なる機能を提供する．

オブジェクト: オブジェクトは，システム内に対応する物をもつ実世界の実体である．例えば，患者のモニタリングシステムにおいて，オブジェクトは，患者，センサー，看護士，病室，内科医，薬などに相当する．各オブジェクトに対して，（そのオブジェクトの）属性集合と（そのオブジェクトによって実行される）機能集合がある．これらの機能は，サービス，メソッド，あるいはプロセスと呼ばれることがある．

フィーチャー: フィーチャーは，望まれる結果を出力するために，一連の入力を要求するシステムによる外部から望まれるサービスである．例えば，電話システムにおいて，市内通話，転送サービス，会議通話などがフィーチャーとなる．各フィーチャーは，通常，入出力のペアとして記述される．

入力: システムには，入力の観点から機能を記述することによって，うまく構成できる場合がある．例えば，自動航空機着陸システムの機能は，出力不足，風を切っての飛行，急転回，垂直速度超過といった節で構成される．

出力: システムには，出力データを生成するすべての機能を記述することによって，うまく構成できる場合がある．例えば，人事システムの機能は，給与計算に関連する全機能や現従業員のリスト作成に関連する全機能などに対応した節によって構成できる．

機能階層: 上記のどの構成方法も役に立たない場合は，全機能を，共通の入力，共通の出力，あるいは共通する内部データアクセスによる機能階層によって構成できる．データフロー図とデータ辞書によって，機能間の関連やデータ間の関連，さらには機能とデータ間の関連を示すことができる.

3. SRSで記述される要求 (JIS X0166:2021:9.6.10 節)

図 8.2 で示した要求仕様の第 3 章「詳細な要求」で書くべき要求の内容について説明する.

ソフトウェアの設計，実装，ならびに進行中のソフトウェアの増分やリリースの検証において参照することを考慮して，ソフトウェアシステムの要求を十分詳細に仕様化する．要求は以下を満たすことが望ましい.

1) 本章で示した特性のすべてに適合している.
2) 以前の版や関連する文書と相互参照できる.
3) 一意に識別可能である.
4) ソフトウェアシステムへのすべての入力，ソフトウェアシステムからのすべての出力，ならびに入力に対する出力を生成するためにソフトウェアシステムが実行するすべての機能を記述する.

(1) 外部インタフェース要求 (JIS X0166:2021:9.6.11 節)

ソフトウェアシステムのすべての入出力を定義する．この記述は,「ソフトウェア製品の全体像」の節で述べたインタフェース記述を補足するものであり，説明済の事項は割愛してよい.

各インタフェースは，以下の内容を含んだ上で定義されることが望ましい.

1) データ項目名
2) 目的
3) 入力データの発生源，あるいは出力データの受け取り先
4) 正当な値の範囲，精度と／または許容誤差
5) 測定量の単位
6) タイミング
7) 他の入出力との関連
8) データ形式
9) コマンド形式

10) 入出力データに含まれるデータ項目，あるいは情報

(2) 機能要求 (JIS X0166:2021:9.6.12 節)

そのソフトウェアにおいて，入力データを受け取って処理するとき，ならびに出力データを処理して生成するときに実行される基本的な動作を定義する．機能要求には以下が含まれる．

1) 入力に対する妥当性チェック
2) 操作の正確な順序
3) 異常状況への応答，異常時の例を以下に示す．
    (a) オーバフロー
    (b) 通信設備の障害
    (c) ハードウェアの障害と故障
    (d) エラー処理とリカバリ
4) パラメータの影響
5) 入力と出力の関連，以下を含む．
    (a) 入出力の順序
    (b) 入力から出力への変換式

機能要求をサブ機能，あるいはサブプロセスに分割することが適切な場合がある．このことは，ソフトウェア設計においても同様に分割することを意味するものではない．

(3) ユーザビリティ要求 (JIS X0166:2021:9.6.13 節)

ソフトウェアシステムのユーザビリティと利用時の品質要求，および目的を定義する．特定の利用状況における，測定可能な有効性，効率，満足度の基準，ならびに利用によって生じる損害を回避することを含めることができる．

(4) 性能要求 (JIS X0166:2021:9.6.14 節)

ソフトウェア，あるいはそのソフトウェアと人間との相互作用に関する静的および動的数値性能要求を仕様化する．静的数値性能要求の例を

示す.

1) 接続可能な端末の最大数

2) 同時に利用できる最大ユーザの数

3) 処理対象の情報の量及び型

静的数値性能要求は，別途「容量 (capacity)」という名称の節で記述されることもある．動的数値性能要求の具体例として「，通常時とピーク時の負荷条件の両方について，ある時間間隔内で処理されるトランザクションとタスクの数，ならびにデータ量」がある．性能要求は，測定可能な記述が望ましい．例えば,「運用者にトランザクションが完了するのを待つことがあってはならない.」といった表現ではなく,「トランザクションの 95 %は，1 秒未満で処理されなければならない.」の方が望ましい.

特定の機能に適用される数値的な制限については，通常，その機能の記述中の一部として仕様化する.

（5）論理データベース要求 (JIS X0166:2021:9.6.15 節)

データベースに配置される情報に対する論理的な要求を仕様化する．論理データベース要求に書かれるべき項目を以下に示す.

1) 種々の機能で用いられる情報の型

2) 利用頻度

3) アクセス能力

4) データエンティティとその関連

5) 完全性（integrity）制約

6) セキュリティ

7) データ保持要求

（6）設計制約 (JIS X0166:2021:9.6.16 節)

外部標準規約，規制要求やプロジェクトの制限事項によって課せられた，システム設計への制約を仕様化する.

（7）標準規約への順守事項 (JIS X0166:2021:9.6.17 節)

既存の標準規約や規制から導出される要求を仕様化する．具体例を示す．

1) レポートの形式
2) データの命名法
3) 会計手順
4) 監査追跡

例えば，ソフトウェアが処理活動を追跡するための要求が考えられる．このような追跡は，規制や財務上の標準を最低限満たすアプリケーションに対して必要となる．監査追跡要求は，例えば，「給与データベースに対する変更のすべてを変更前後の値とともに追跡ファイルに記録する」といったものである．

（8）ソフトウェアシステムの属性 (JIS X0166:2021:9.6.18 節)

ソフトウェア製品に要求される属性を仕様化する．具体例の一部を示す．

信頼性:出荷時にソフトウェアシステムに要求される信頼性を確立するために必要な要素を仕様化する．

可用性:チェックポイント，リカバリや再起動といったシステム全体の定義された稼働レベルを保証するために必要な要素を仕様化する．

セキュリティ:過失または悪意によるアクセス・使用・変更，破壊，あるいは開示から，ソフトウェアを保護する要求を仕様化する．この分野に特有な要求には，以下のニーズが挙げられる．

1) 何らかの暗号技術を利用する．
2) ログや履歴データ一式を保存する．
3) 異なるモジュールに機能を割り当てる．
4) プログラムのある領域間の通信を制限する．
5) 重要な変数のデータ完全性（integrity）をチェックする．
6) データのプライバシーを確保する．

保守性:ソフトウェア自体の保守の容易性に関するソフトウェアの属性を

仕様化する．例えば，一定のモジュール性，インタフェース，あるいは複雑さの制限といった要求がある．良い設計の実践であると考えられることを理由とするだけで，保守性要求とすることは望ましくない．

移植性: ソフトウェアの，他の計算機かつ／または他のオペレーティングシステムへの移植しやすさに関連するソフトウェアの属性を仕様化する．具体例を示す．

1) ホスト計算機に依存するソースコードをもつ要素の割合
2) ホスト計算機に依存するソースコードの割合
3) 移植が可能なことが証明されたプログラム言語の使用
4) コンパイラ又は言語仕様の特定のサブセットの使用
5) 特定のオペレーティングシステムの使用

（9）支援情報 (JIS X0166:2021:9.6.20 節)

考慮すべき追加の支援情報を以下に示す．

1) 入出力様式の例，コスト分析調査の記述，あるいは利用者調査の結果
2) SRS の読者の助けとなる支援情報や背景情報
3) ソフトウェアによって解決される問題の記述
4) コードとメディアが，セキュリティ，送出，初期ロードといった要求を満たすための特別なパッケージ使用説明

SRS は，これらの情報項目が要求の一部として考慮されるのか否かを明らかにして記述することが望ましい．

以上が SRS 第 3 章の「詳細な要求」として記載されるべき項目である。なお、第 4 章の「検証」では第 3 章で記載した要求に対する検証手法を提供する。検証のための情報項目は、「詳細な要求」に示された情報項目と同じにすることを推奨する。

4. まとめ

本章では，個別の要求や要求仕様が満たすべき品質特性と要求仕様の構成法を紹介した．個別の要求や要求仕様が満たすべき品質特性を満た

さない場合，要求や要求仕様が誤りを含んでしまったり，質の低いものとなったりしてしまい，ソフトウェア開発の失敗に繋がる．開発を成功させるためにも，要求や要求仕様の品質を念頭に仕様化を進めることが重要となる．また，他人が記述した要求仕様を読んだり，レビューする際にも品質を念頭に置くことで，要求仕様に含まれる問題点を見つけやすくなる．

一方，要求仕様の構成法を学ぶことによって，記述すべき要求項目がどういったものであるかが理解できたと思う．他人が書いた要求仕様をレビューする際には，記述すべき項目が書かれているかをチェックすることで，不完全な項目を発見できる．

要求仕様を記述したり，レビューしたりする機会があれば，本章で学んだことを活用して仕様の高品質化を目指してほしい．

参考文献

(1) ISO/IEC/IEEE 29148:2018 Systems and software engineering - Life cycle processes - Requirements engineering, International Standard, 2nd ed.. 2018.

(2) JIS X 0166:2021, システム及びソフトウェア技術-ライフサイクルプロ要求エンジニアリング, 日本規格協会, 2021.

研究課題

以下の切符発券システムに関するシステム要求の一部について，

1) 非あいまい性・無矛盾性の観点から問題点を指摘しなさい．

2) 完全性の観点から問題点を指摘しなさい．

切符発券システムは鉄道切符の発売を自動化することを狙いとしている．利用者はその行き先を選択し，クレジットカードと暗証番号を入力する．切符が発券され，利用者のクレジットカード用口座に対してはこの金額が課金される．具体的には，利用者が開始ボタンを押すと，選択可能な行き先のメニュー画面と併せて行き先を選ぶようメッセージが表示される．行き先を選択すると利用者はクレジッ

トカードを入力するように求められる．カードの有効性がチェックされ，利用者は暗証番号を入力するように求められる．このクレジットカードに対して課金可能であると判明すると切符が発券される．

9 形式手法とは

佐伯　元司

要求仕様を「正しく」書くために，数学の言葉を使って「形式的に」書く手法がある．本章では，この手法の特徴と，その利点，欠点，適用事例について解説する．基礎となる数学についても解説する．

1. はじめに

形式的手法 (Formal Method) とは，集合論，数理論理学や代数といった数学的な体系を基礎としてソフトウェア開発を行う手法である．これらの数学的な体系は主にソフトウェア (プログラムだけでなく仕様書といった成果物を含む) を記述するのに用いられる．顧客やユーザから抽出した要求は，我々が日常の意思伝達に使われる自然言語を用い，場合によって図や表を併用して文書化され，仕様書として書き上げられる（第1章5節参照：仕様化と呼ぶ）．これらの記述は，自然言語の持つ曖昧性により読み手によって異なる意味に解釈されることもあり，非形式的記述と呼ばれる．それに対し，数学的な体系を意味的基盤に持つ言語（形式言語と呼ぶ）で記述することにより，書かれた仕様は厳密な意味を持ち，誰が読んでも一つの意味に解釈される．形式手法は広義にとらえると，数学的な体系を基礎としてソフトウェア開発を行う手法全部を指すが，仕様書を形式言語で記述し，その言語が持っている数学的基盤を活用することにより，ソフトウェア開発に役立てようとする手法を指すことが多い．ここではこの後者のとらえ方をする．つまり，第1章の図1.1での，「要求抽出」で得られた「要求」を「仕様化」する際に，形式言語を用いて厳密に記述し，その後の「妥当性確認と検証」段階で，数学的体系を用いて種々の処理を行うことを，ここでの「形式手法」と考える．

形式言語を用いて仕様を記述することにより，意味が一意に規定されるだけでなく，意味的基盤となっている数学的な体系が持っている演繹体系を用いて，書かれている仕様の様々な性質を「妥当性確認と検証」段階で推論したり，設計やプログラミング段階といった開発の後段で作成すべき成果物をある性質を保ったまま作り出したりできる可能性を持っている．仕様を記述することを目的として，設計された形式言語を形式的仕様記述言語という．形式的仕様記述言語については，第 10 章で解説する．形式手法を用いたソフトウェア開発については，主に「検証」という視点から第 11 章で述べる．

2. 形式手法の利点と欠点

これまで，形式手法は記述された開発対象システムの各種の性質を数学的体系が持っている演繹体系を用いて証明できることが，形式手法を用いることの最大の利点とされてきた．1970-80 年代の初期の頃の形式手法を用いたソフトウェア開発の研究は，

1)　形式言語を用いて仕様を記述する手法
2)　記述された仕様から対象システムが持っている性質を演繹する手法
3)　記述された仕様から演繹規則を用いてシステマティックにプログラムを合成・導出する手法
4)　プログラムが仕様を満たしているかというプログラムの正当性を証明する手法

の 4 つに分けられる．このうち，プログラムの合成・導出や正当性の証明の研究は盛んに行われてきたが，いずれも小規模の例題しか扱われず，実際規模の問題には適用できなかった．それは，現実のソフトウェアの規模が大きく，合成・導出や証明の際の演繹推論が非常に複雑になってしまうからであった．また，形式言語による記述も実際のシステムには当時ほとんどなされなかったことも，実際規模の問題で合成・導出や証明がなされなかった原因の一つでもある．仕様は従来自然言語で記述されていた．これを形式言語で記述しようとすると，仕様記述者や読者を教育しなければならない，仕様を厳密に記述しなければならないという時

間的なオーバーヘッドがあり，そのオーバーヘッドを上回る効用が明確に見えないため，リスクを犯してまで仕様を形式的に記述しようとはしなかった．つまり，現実システムの形式的仕様を書かない→現実システムの証明，合成・導出手法の開発が行えない→ 証明，合成・導出の効用が示されないので，ますます形式的仕様を書こうとしない→ ⋯ の悪循環であった．このように，形式手法は，当時は実際のソフトウェア開発にはほとんど使用されてこなかったと言えるであろう．ところが，実際の開発プロジェクトに形式手法が適用され，成功を収めた事例が 1990-2000 年代にかけて報告され始め，それらがかなりの数にのぼってきた．また，OSI (Open Systems Interconnection) の通信システムの仕様を形式的に記述するための LOTOS (Language Of Temporal Ordering Specification), ESTELLE, SDL(Specification and Description Language) といった言語や Z, VDM-SL (Vienna Development Method - Specification Language) などの形式的仕様記述言語が，この頃国際標準として次々と規格化されてきた．コンピュータの処理能力の向上や効率的な推論アルゴリズムの開発により，モデルチェッカに代表されるツールが開発され，「妥当性確認と検証」段階での仕様が持っている性質の「検証」が（半）自動的に行えるような環境も整ってきた．

Anthony Hall は 1990 年の形式手法の **7 つの神話**(Seven Myths of Formal Methods) という論文で，形式手法に対して一般的に言われていることを 7 つ挙げ，それらは誤解であり事実はどうであるかを以下のように論じている [1)]．例えば，「形式手法はソフトウェアが完璧であることを保証してくれる」という認識が一般的になされているが，実際には「早い段階で誤りを見つけるのに役立つ」である．以下，彼が挙げた神話を列挙する．⟶ の左側が誤解，右側が事実を表す．

1) 形式手法はソフトウェアが完璧であることを保証してくれる
   ⟶ 早い段階で誤りを見つけるのに役立つ
2) 形式手法はプログラムの証明を意味する

1) Anthony Hall. Seven Myths of Formal Methods. IEEE Software, 7(5):11–19, 1990.

⟶ 開発対象システムについて深く考えさせる

3)　形式手法は安全が重要なシステムにのみ有効である

⟶ ほとんどのアプリケーションに有用

4)　形式手法は高度に訓練された数学者を必要とする

⟶ プログラムを理解するよりは簡単な数学を基礎としている

5)　形式手法は開発費を増大させる

⟶ 開発費を減少することができる

6)　形式手法は顧客やユーザには受け入れられない

⟶ 顧客やユーザが自分が買おうとしているものを理解するのに役立つ

7)　形式手法は実際の大規模システムには用いられない

⟶ 実際のプロジェクトでも使用され，成功しつつある

最後の 7 番目の認識に対する「実際のプロジェクトでも使用され，成功しつつある」については，この章の第 3 節で紹介する．

2 番目と 6 番目の神話について，図 9.1 のような簡単な E-Commerce のシステムの一部の例を考えてみよう．この例は，ショッピング客が買い物を行う部分で，システム（開発対象の）に Login し，欲しい商品をカートに入れ，支払いを行い，Logout するという一連の動作を行う．システム開発を依頼する顧客から，ショッピング客は上記のような動作をするとして，図 9.1(a) のような自然言語記述を要求として渡されたとしよう．これを形式手法の一つである**状態遷移モデル**を使って，(b) のような状態遷移図[2)] を書いた．図中の楕円が状態，矢印が遷移，矢印の上に記載されているテキストがショッピング客の動作を表す．例えば，「買い物中」の状態にあるときに，「支払う」という動作を行うと「清算済み」という状態に遷移し，「Logout する」が行えるようになる．自然言語記述では一見してこのシステムがどう振る舞うかが簡単に読み取れ，システム

2)　状態遷移図やデータフロー図などに代表される図式言語は厳密なセマンティックスがつけられていない場合があるため，一般的には準形式手法 (semi-formal method) と呼ばれることがある．この例では，状態集合，遷移を起こす動作の集合，状態遷移関数によって状態遷移の厳密なセマンティックスがつけられていると考えていただきたい．

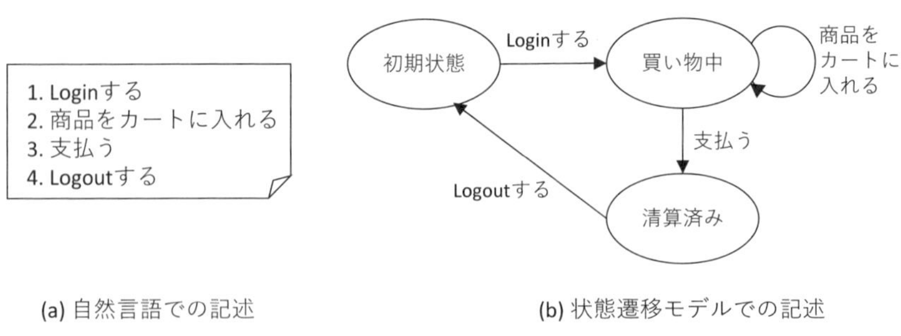

図 9.1　E-Commerce システムの例

のイメージを把握することができる．しかし，これを状態遷移モデルで書いたときに，いくつかの不明な箇所があるのがわかる．例えば，カートに商品を入れたまま Logout するのはどうなのか，支払いが終わった後 Logout しないままシステムを閉じる（Web ブラウザを閉じる）のはどうなのか，などであり，図 9.1(b) の状態遷移モデルではこれらに該当する遷移は記載されていない．ショッピング客は，カートに商品を入れたまま Logout したり，支払いが終わった後に Logout しないままシステムを閉じたりすることなどは行うであろう．状態遷移モデルを考え記述する際に，状態遷移に漏れがないかどうか，つまり許容されるすべての振る舞いが記載されているかどうかを考えることになり，このような漏れていた振る舞いが明確になる．これは，形式手法が「開発対象システムについて深く考えさせる」ことに貢献し，開発を依頼する顧客が考えていなかったことや思い違いなどを仕様記述段階で見つけ出し，その対処を行うことができる．さらに，システムのユーザであるショッピング客側からすれば，カートに商品を入れたまま Logout したり，Logout しないままシステムを閉じたりするとどうなるかを知ることができる，つまり「顧客やユーザが自分が買おうとしているものを理解するのに役立つ」という効用があることにつながる．

4 番目の神話「高度に訓練された数学者を必要とする」に対する「簡単な数学を基礎としている」の「簡単な数学」とは集合論や第 4 節で述

べるような数理論理学や代数などを指しており，これらの知識があれば充分である．またプログラミング言語の文法よりは簡単ではあるが，第 10 章で述べるような仕様記述言語特有の文法や記法を知っている必要はある．

Bertrand Meyer は，1985 年の仕様における形式性 (On Fomalisim in Specifications) という論文[3)] で，自然言語による仕様の冗長な記述，曖昧な記述，矛盾する記述などの 7 つの問題点を挙げ，形式的記述と併用することにより，記述内容が厳密になるばかりでなく，よりよい自然言語記述が得られ，全体の理解性も向上するとしている．形式手法を使用する際には，自然言語記述のような我々が日常の意思伝達の手段として使用している非形式的な記述を排除するのでなく，両者をうまく使うことにより，双方に大きな利点が生まれる．また，自然言語などの人間にとって親和性のある記述と併用することにより，形式的仕様記述言語に不慣れな人にとっても形式的記述の読みにくさも克服できるであろう．第 3 節で紹介している形式手法の成功事例でも，自然言語などの記述を併用しているものが多くみられる．

3. 形式手法の適用例

我が国で実施された形式手法の実際のシステム開発の適用事例を 1 つ紹介しよう．これは，非接触型の IC カードを携帯電話に組み込み，いわゆる「おサイフケータイ」として使用できるようにしたサービスで，その核となる FelicaIC チップのファームウェアの開発を行ったプロジェクトである[4)]．その規模は開発期間 3 年，開発メンバー数 55 名で，1 種類の IC チップにつき C++ のソースコードで 11 万行であった．このファームウェアの外部仕様を動作可能な仕様として，形式的仕様記述言

3) Bertrand Meyer. On Formalism in Specifications. IEEE Software, 2(1):6–26, 1985.

4) 栗田太郎．フォーマルメソッドの新潮流: Part II: 産業界への応用: 3. 携帯電話組込み用モバイル Felica IC チップ開発における形式仕様記述手法の適用．情報処理, 49(5):506–513, 2008.

語 VDM-SL のオブジェクト指向拡張版である VDM++を用いて記述し，記述内容のレビュー，アニメーションによる仕様の正当性確認，テストケース作成とテストケースを用いた仕様・設計・実装の正当性確認を順次行っていった．出来上がった仕様書は 677 ページ，テストのための記述も含めておよそ 10 万行であった．このプロジェクトにおける仕様関連の不具合は全体の不具合の 18.5 %あり，そのうち仕様記述漏れはわずか 0.2%，仕様が不明確であることによるものが 1.8%であったと報告されている．ただし，仕様の理解不足によるものが 10.7%と仕様関連の不具合の半分以上を占め，形式的仕様記述言語の可読性の問題が依然として残っていることがわかる．

外国の例では，パリの地下鉄 14 号線，シャルルドゴール空港のシャトル（ターミナル間を結ぶ自動制御の列車）の制御ソフトウェアの開発が挙げられる[5]．この開発では，B method と呼ばれる手法が用いられた．この手法では，開発対象となっているソフトウェアの振る舞いの抽象的なモデルを作成し，それを段階的に詳細化していき，より具体的なモデルへと変換していく．詳細化後のモデルは矛盾を含んでいないことに加えて，詳細化前のモデルの振る舞いどおりに振る舞うことを証明する必要がある．これを**証明義務**という[6]．このような詳細化を繰り返して最終的に実行可能なコードを得る．上記の 2 つの例では，各々 86,000 行，158,000 行の ADA プログラムが得られたとしている．行った証明は，27,800，43,610 個あったが，そのうちの 8.1%，3.3%が人間が介在する証明で，他はツールによる自動証明であった．人間が介在する証明に要した時間については，1 人 1 日あたりで平均して 15 個の証明がなされた．B method は同様の外国の他の地下鉄システムにも適用された．

上の 2 つの例はいずれも検証を行った事例であるが，仕様を形式的に記述しただけの事例もある．「形式手法の 7 つの神話」で紹介した Anthony Hall

---

5） Jean-Raymond Abrial. Formal Methods in Industry: Achievements, Problems, Future. 28th International Conference on Software Engineering (ICSE 2006), pages 761–768. ACM, 2006.

6） 証明義務の解説は第 11 章 1 節に述べる．

の論文で述べられている CASE (Computer-Aided Software Engineering) プロジェクトは，SSADM(Structured System Analysis and Design) を支援する CASE ツールを開発するプロジェクトで，仕様記述には Z が用いられた．できあがった仕様は，文書にして約 340 ページ（ただし，コメント付き），約 280 のオペレーションが約 550 の Z schema[7] によって定義されている．彼らは，この仕様から直接人間がコーディングを行い (一部自然言語で設計仕様を書き，それをコーディングしたものもある)，約 58000 行の Objective C によるプログラムを開発した．このプロジェクトでは，証明や数学的なプログラム合成・導出手法は用いなかったが，形式的仕様を用いることにより，仕様レベルのエラーを簡単に発見することができたということが報告されている．

情報処理推進機構(IPA: Information-technology Promotion Agency) では，形式手法を適用した開発プロジェクトの成功事例について，国内 3 事例，国外 8 事例，計 11 事例に対し，質問票と聞きとりによる調査を行い，形式手法適用の特徴を分析した[8]．選んだプロジェクトは，組み込みシステム，航空管制，証券取引，テキスト処理，セキュリティ，E-Commerce と多岐にわたっている．その結果，形式手法を始めとする厳密な記述の適用範囲は要求，仕様，設計，実装，検証，そしてそれに続く保守を含む全工程にまたがっている，形式的記述はその前後の開発フェーズで作成される他の記述や成果物との間に明快な対応関係をつけ，密な追跡性の確保がなされている，形式的な仕様記述だけではなくそれを補う記述（自然言語による普通の文章，図，表など）を併用している，といった特徴が見られたとしている．

4. 形式手法のための数学

この節では，次章以降に解説する形式的仕様記述語の意味的基盤となっている数学を述べる．

---

7) Z については第 10 章第 2 節で解説する．

8) 厳密な仕様記述における形式手法成功事例調査報告書．独立行政法人情報処理推進機構．2013．https://www.ipa.go.jp/files/000026875.pdf

（1）命題論理

命題論理 (Propositional Logic) は，数理論理の中で最も単純な体系である．下記の 2 つの文を考えてみよう．

(1) 千葉市は千葉県の県庁所在地である．

(2) 市川市は千葉県の県庁所在地である．

(1) の文は正しいこと（真：true）を述べているが，(2) の文は間違っている（偽：false) ことを述べている．数理論理学では文（式という）が真であるか偽であるかという真偽値を問題とする．(1)，(2) の式を各々 P, Q という記号で表してみよう．上の例では，P という記号に真，Q に偽という値が割り当てられているとみることができる．このように，値が真か偽かのいずれかとなるような記号を命題記号と呼ぶ．命題記号だけでは表現力に乏しいため，自然言語文のように接続詞を使って，より複雑な式を構成することを考えてみよう．例えば，

(3) ¬ P（千葉市は千葉県の県庁所在地で**ない**.）

(4) P ∧ Q（千葉市は千葉県の県庁所在地である　**かつ**　市川市は千葉県の県庁所在地である.）

となる．これらの式の値も真偽値である．命題論理式は，1) 命題記号自身と，2) p，q を命題論理式とすると，下記のような**論理演算子** ¬, ⇒, ∧，∨ を使って得られる式である．

$\neg p$: p でない　（否定：not p とも読む）

$p \Rightarrow q$: p ならば q （含意：p imply q とも読む）

$p \wedge q$: p かつ q （p and q とも読む）

$p \vee q$: p または q （p or q とも読む）

である．これらの真偽値は，p，q の真偽値によって決まる．例えば，p が偽のときまたその時に限り $\neg p$ は真と定義される．$p \Rightarrow q$ は，p が真かつ q が偽のとき，またその時に限り偽と定義される．つまり p が偽である場合は，q の真偽値にかかわらず，$p \Rightarrow q$ は真である．$p \Leftrightarrow q$ を

表 9.1　⇔ の真理値表

p	q	$p \Rightarrow q$	$q \Rightarrow p$	$(p \Rightarrow q) \wedge (q \Rightarrow p)$
真	真	真	真	真
真	偽	偽	真	偽
偽	真	真	偽	偽
偽	偽	真	真	真

$p \Leftrightarrow q \triangleq (p \Rightarrow q) \wedge (q \Rightarrow p)$ と定義する．この式は，p と q は同値（p と q の真偽値は同じ）を表している．$p \wedge q$ は p，q がともに真であるとき，またその時に限り真，$p \vee q$ は p が真または q が真のときに真となり p，q がともに偽であるときは偽となる．

命題記号や命題論理式の可能な真偽値すべての割り当ての組み合わせによって対象となる論理式の真偽値を求めた結果を表形式で書いたものを真理値表という．例えば，表 9.1 は p，q の可能な真偽値の組み合わせによって，$p \Leftrightarrow q$ の真偽値がどうなるかを書いたものである．第 5 列目が $p \Leftrightarrow q$ の定義式であり，p，q の真偽値が同じとき，またそのときに限り真になることを示している．

命題論理式 p 中に現れる命題記号にどんな真偽値の割り当てをしても p が常に真となる場合，p を**恒真**であるという．式が恒真であるかどうかは，表 9.2 に示すような**真理値表**を書いてみればよい．この表は，$(p \wedge q) \Rightarrow p$ の真理値表である．この表の第 4 列目（$((p \wedge q) \Rightarrow q)$）は，$p$，$q$ がどんな真偽値をとろうとも真であることを示しており，恒真であることがわかる．命題記号や自由に真偽値の割り当てのできる式が n 種類あった場合，真理値表のエントリー数は 2^n となる．

式中に出現している命題記号に真偽値を割り当て，$\neg$，$\Rightarrow$ などの論理演算子の定義に従って論理式の真偽値を求めるやり方は，命題記号や論理演算子の「意味」[9] に基づく手法である．それに対し，論理式の構造

9）ここでは，命題記号へ真偽値を割り当てたものを命題記号の「意味」としている．この他に，数理論理学では「解釈」，「モデル」という言い方をしているものもあるが，本教科書の他の部分の記述との混同を避けるために「命題記号への割り当て」という言い方にしている．

表 9.2　$(p \wedge q) \Rightarrow p$ の真理値表

p	q	$p \wedge q$	$(p \wedge q) \Rightarrow p$
真	真	真	真
真	偽	偽	真
偽	真	偽	真
偽	偽	偽	真

から恒真であるかどうかを判定する手法がある．この手法は論理式を文字列と考え，その構文的な特徴に注目し，決められた規則によって書き換えを行い，書き換えの結果得られた式が恒真であると考える．

最初に恒真であると考える式を公理，式の書き換え規則を推論規則と呼ぶ．公理から推論規則を用いて有限回の書き換えによって作り出された論理式（恒真となる）を定理あるいは証明可能といい，書き換え過程を証明という．どのような公理や推論規則を採用するかによっていくつかの体系があるが，重要なことは 1) 公理と推論規則によって作り出される論理式が必ず恒真であること，2) すべての恒真式は必ず公理と推論規則によって作り出されること，である．1) を健全である (sound)，2) を完全である (complete) であるという．これら 2 つを満たすものの例として，Hilbert 流の体系を以下に示す．p，q は任意の論理式である．

- 公理 (Axiom)

  A1：$p \Rightarrow (q \Rightarrow p)$

  A2：$(p \Rightarrow (q \Rightarrow r)) \Rightarrow ((p \Rightarrow q) \Rightarrow (p \Rightarrow r))$

  A3：$(\neg p \Rightarrow \neg q) \Rightarrow (q \Rightarrow p)$

  A4：$(p \wedge q) \Rightarrow p$

  A5：$(p \wedge q) \Rightarrow q$

  A6：$p \Rightarrow (p \vee q)$

  A7：$q \Rightarrow (p \vee q)$

  A8：$p \Rightarrow (q \Rightarrow (p \wedge q))$

  A9：$(p \Rightarrow r) \Rightarrow ((q \Rightarrow r) \Rightarrow ((p \vee q) \Rightarrow r))$

- 推論規則 (Inference Rule)
  MP(Modus Ponens)：$\dfrac{p, p \Rightarrow q}{q}$

推論規則は一般には $\dfrac{p_1, \cdots p_n}{q}$ ($p_1, \cdots p_n, q$ は論理式) の形をしており，論理式の組 $p_1, \cdots p_n$ を q で書き換えることを示している．このとき，$p_1, \cdots p_n$ を前提，q を帰結という．Hilbert 流の体系では推論規則が 1 つしかないため，証明が複雑になってしまう．例えば，A を任意の論理式としたとき，$A \Rightarrow A$ が定理であることを証明するには，以下のように行う．

まず，上の公理 A1，A2 の中の p，q，r を以下のように置き換えることにより，(L1)，(L2)，(L3) 式を得る．

(L1) $A \Rightarrow (A \Rightarrow A)$
　：A1 で p, q ともに A とする．

(L2) $A \Rightarrow ((A \Rightarrow A) \Rightarrow A)$
　：A1 で p を A，q を $A \Rightarrow A$ とする．

(L3) $(A \Rightarrow ((A \Rightarrow A) \Rightarrow A)) \Rightarrow ((A \Rightarrow (A \Rightarrow A)) \Rightarrow (A \Rightarrow A))$
　：A2 で p を A，q を $A \Rightarrow A$，r を A とする．

ここで (L3) 式は，(L2) 式 $\Rightarrow$ ((L1) 式 $\Rightarrow (A \Rightarrow A)$) の形をしているのに注意されたい．推論規則 MP の p を (L2) 式，q を (L1) 式 $\Rightarrow (A \Rightarrow A)$ とすることにより，$\dfrac{\text{(L2) 式, (L3) 式}}{\text{(L1) 式} \Rightarrow (A \Rightarrow A)}$ となり，

(L4) (L1) 式 $\Rightarrow (A \Rightarrow A)$　　$(= (A \Rightarrow (A \Rightarrow A)) \Rightarrow (A \Rightarrow A))$

を得る．再度推論規則 MP の p を (L1) 式，q を $A \Rightarrow A$ とすることにより，$\dfrac{\text{(L1) 式, (L4) 式}}{A \Rightarrow A}$ となり，

(L5) $A \Rightarrow A$

を定理として得る．このように単純な式であっても，証明が長く複雑になってしまう．演繹定理と呼ばれる性質を使うと，比較的簡単に証明できることが多い．演繹定理は，$p_1, \cdots p_n$ を前提として有限回の書き換えで q が得られるならば $(p_1 \wedge \cdots \wedge p_n) \Rightarrow q$ が定理であることを述べてい

る．上の $A \Rightarrow A$ は A を前提とすれば書き換えなしで A が得られ，演繹定理を使うと直ちに $A \Rightarrow A$ が定理であることがわかる．

ここでは，Hilbert 流の体系を紹介したが，他のよく使用される体系として Gentzen の自然演繹法[10)] がある．自然演繹法では，公理はなく豊富な推論規則が用意されている．

（2）述語論理

この節では命題論理を拡張することを考えてみよう．前節の (1) の文「千葉市は千葉県の県庁所在地である．」の「千葉市」をパラメータ化し，変数 x で表してみよう．

(5) x は千葉県の県庁所在地である．

(5) の式は変数 x の値に応じてその真偽値が決まる．これを，$P(x)$ と書いてみよう．P を（1 引数の）述語記号または述語と呼ぶ．P(千葉市) は真，P(市川市)，P(船橋市) は偽である．述語の引数には，変数（上の例では x），定数（千葉市や市川市など）のほかに，関数適用の式をとることができ，これらを項 (term) と呼ぶ．つまり，変数記号，定数記号に加えて，f を n 引数の関数記号，$t_1, \cdots, t_n$ を項としたとき，$f(t_1, \cdots, t_n)$ も項である．項は対象とする定義域の要素を指しており，上の例で定数記号「千葉市」は日本の「市」の集合のある要素を指している．

述語論理式は，以下のように定義される．

P を n 引数の述語記号，$t_1, \cdots, t_n$ を項とすると，$P(t_1, \cdots t_n)$
この式はこれ以上述語論理式に分解できないため，この形式の式を原子論理式ともいう．$n = 0$ の場合は命題記号になる．

p，q を述語論理式とすると，これらを命題論理式の定義と同様に，
$\neg$，$\wedge$，$\vee$，$\Rightarrow$，$\Leftrightarrow$ で結合したもの

p を述語論理式とすると，$\forall x \bullet p$
（すべての x について p が真である）

10）章末の文献 (1) などを参照されたい

p を述語論理式とすると，$\exists x \bullet p$
（ある x について p が真である，もしくは p を真とするような x が存在する）

$\forall$ を全称記号 (universal quantifier)，$\exists$ を存在記号 (existential quantifier) と呼ぶ．$\forall x \bullet (x > 0)$ [11] を考えてみよう．この述語論理式の真偽値は，x の定義域によって異なる．x が自然数の集合 $(\mathbb{N}_1)$[12] の要素であれば真，整数 $(\mathbb{Z})$ であれば x が負の数の場合は $x > 0$ が偽となるため，偽である．

述語論理式の場合，命題論理式と違って真理値表を使って恒真であるかどうかを判定することが難しい場合がある．2 種類しかない真偽値の割り当てだけでなく，定数記号，変数記号への値の割り当て，関数記号への実際の関数の割り当て，全称記号や存在記号で指定された変数がとる値の定義域の割り当て[13] について，可能な組み合わせをすべて考えなければならないからである．上の例の $\forall x \bullet (x > 0)$ は，x の定義域として $\mathbb{Z}$ を割り当てれば偽となるため恒真式ではない．

述語論理の Hilbert 流の公理体系は，前節の命題論理のそれに以下の公理と推論規則を追加したものになる．この体系も健全であり，完全である．

- 公理 (Axiom)
  A10 : $\forall x \bullet p \Rightarrow p[x/t]$　t は任意の項
  $p[x/t]$ は p の中の x を t で置き換えたもの

- 推論規則 (Inference Rule)

11）厳密には $>$ を 2 引数の述語記号とし，$>(x,0)$ と書かなければならないが，不等号は中値記法を用いる慣例に従っている．以下，よく使用されている関数記号，述語記号はその慣例に従った記法を用いる．

12）0 は含まない．

13）ここでも命題論理の時と同様に，各記号への値や関数の割り当て，変数への定義域の割り当てなど，述語論理式の真偽値（意味）を決めるものを「解釈」，「モデル」と呼ぶこともあるが，本教科書の他の記述との混同を避けるため，これらの言葉は使用しないものとしている．

$$\text{I2}:\ \frac{p \Rightarrow q}{p \Rightarrow \forall x \bullet q}$$

（3）構造帰納法

述語論理はデータやオブジェクトに関する記述を行えるため，これらの各種の性質を推論したり証明したりするためには，特有の公理や推論規則が必要になる．構造帰納法はデータやオブジェクトの構成法を基にそれらの領域固有の性質を推論規則にしたものである．典型的な例は**数学的帰納法**である．すべての自然数 x $(\in \mathbb{N}_1)$ について，$p(x)$ が成り立つ（真となる）ことを証明するには，

1) $x = 1$ のときに成り立つことを証明する．
2) $x = n$ のときに $p(n)$ が成り立つという前提のもとで，$p(n+1)$ が成り立つことを証明する．

となる．これは，推論規則として記述すると，

$$\frac{x \in \mathbb{N}_1, p(1), n \in \mathbb{N}_1, p(n) \vdash p(n+1)}{P(x)}$$

と書ける．ここで，$\vdash$ は証明可能であることを意味し，$p(n) \vdash p(n+1)$ は，$p(n)$ を前提とし $p(n+1)$ が証明可能であることを表している．数学的帰納法は，自然数の集合 $\mathbb{N}_1$ の要素は 1 か，$\mathbb{N}_1$ の任意の要素に $+1$ を行って作られたものかのいずれかであり，かつこの方法で作られた要素以外のものは $\mathbb{N}_1$ の要素ではないということに基づいた推論規則である．**構造帰納法**は数学的帰納法の一般形であり，対象としている集合の要素の構成法に基づいてその推論規則が作られている．例えば，$D \twoheadrightarrow R$ の有限写像を考えてみよう．まず，定義域が $\varnothing$ であり何も写像しない写像 $\varnothing$，$D \twoheadrightarrow R$ の任意の写像 g に対し $a(\in D)$ を $b(\in R)$ に写像するようにする操作 $g \oplus \{a \mapsto b\}$ を施して作られる写像が $D \twoheadrightarrow R$ の構成要素となる．従って，有限写像の構造帰納法の推論規則は，

$$\frac{f : D \twoheadrightarrow R, p(\varnothing), a \in D;\ b \in R;\ g : D \twoheadrightarrow R;\ p(g) \vdash p(g \oplus \{a \mapsto b\})}{p(f)}$$

となる．なお $\oplus$ は，

$$g \oplus \{a \mapsto b\}(x) = \begin{cases} b & x = a \text{ のとき,} \\ g(x) & x \neq a \text{ のとき} \end{cases}$$

である．

（4）時相論理

4 節 (1) の命題論理で挙げた文 (1)「千葉市は千葉県の県庁所在地である．」についてその真偽値を再度考えてみよう．この文は，現在では真であるが，将来県庁がもし他の都市に移転したときは偽となる．つまり，命題論理では命題記号に真か偽かのどちらかの値が恒久的に割り当てられ，時間の流れに従ってその値が変わることがない．ある時刻で「**現在**，千葉市は千葉県の県庁所在地である」は真かもしれないし，偽かもしれない．時間の流れに従って，時刻ごとにその命題記号の真偽値が割り当てられるように拡張した体系が（命題）時相論理である．時相論理にも種々の体系があるが，ここではその一つを紹介しよう．4 節 (1) で定義した**論理演算子**$\neg$，$\Rightarrow$，$\wedge$，$\vee$ に加えて，**時相演算子**$\Box$(Always と読む)，$\Diamond$(Eventually と読む)，$\mathbf{U}$（until と読む）を使用する．論理式の真偽値は，必ず「現在時刻」での真偽値となる．

p が論理式のとき，$\Box p$　（現在時刻から将来ずっと p が真であり続けるとき，またそのときに限り現在時刻で $\Box p$ は真）
p が論理式のとき，$\Diamond p$　（現在時刻から将来のどこかの時刻で p が真であるとき，またそのときに限り現在時刻で $\Diamond p$ が真）
p，q が論理式のとき，$p \mathbf{U} q$　（現在時刻から将来 q が真になるまで p は真であり続ける，またそのときに限り現在時刻で $p \mathbf{U} q$ が真）

ここでは,「現在時刻から将来」といったときに「将来」に「現在時刻」を含む定義を採用する[14]．したがって，この体系では $\Box p \Rightarrow p$，$p \Rightarrow \Diamond p$ は恒真式である．p **U** q において，q が将来もずっと真にならない，つまり偽であり続ける場合はこの式は偽とする[15]．また，p が真であり続ける時刻は q が真となる時刻の直前まででよい，つまり q が真となったときも p が真であり続けている必要はないとする．時間の流れは現実のように連続ではなく，離散的であるとしている．対象システムを状態遷移モデルでとらえたときの状態遷移列を時間の流れと考え，時相論理式でシステムの状態遷移の性質を記述することができる．例えば，現在の状態も含めいつか必ず p を満たすような状態に到達することは $\Diamond p$，p を満たすような状態には絶対に到達しないことを $\Box\neg p$ と書くことができる．

(5) 代数

代数は，集合とその上での有限個の演算子（操作）が定義されている体系である．例えば，自然数の集合 $Nat1$（0は含まない，つまり 1,2,$\cdots$ とする）では，1を足す演算 (s: successor)，加算，乗算はこの集合の上の演算である．sは入力引数を1つとる単項演算子，加算，乗算は2引数をとる2項演算子である．システムの仕様を代数で表現することを考える．代数が持っている集合の要素がシステムが扱うデータと考えられるが，実際のシステムは多彩なデータを扱うため，代数が持つデータの集合を複数考える必要がある．このような代数を**多ソート代数**と呼び，集合をソートと呼ぶ．例えば，自然数のソート $Nat1$ と真偽値の2値からなるソート $BOOL$ とからなる多ソート代数を考え，それらの演算は，

1 : $\rightarrow Nat1$ （入力引数のない演算，すなわち定数.「1」を表す）
s : $Nat1 \rightarrow Nat1$ （1を足す演算）
$+$: $Nat1\ Nat1 \rightarrow Nat1$ （加算）

14) 「将来」に「現在時刻」を含まない定義もある.

15) q が「将来」真になることがあるということを強制するため，この定義は Strong Until とも言われる．q が偽であり続ける場合でも p がずっと真であり続ければ p **U** q は真とする定義もあり，こちらは Weak Until とも言われる.

$*$: $Nat1\ Nat1 \rightarrow Nat1$ （乗算）

$>$: $Nat1\ Nat1 \rightarrow BOOL$ （数の大小の比較演算子）

などが考えられる．演算子の入力，出力のソートを**シグネチャ**という．例えば，1 のシグネチャは $\rightarrow Nat1$，$>$ は $Nat1\ Nat1 \rightarrow BOOL$ である．形式仕様では，多ソート代数はその演算子の意味を表すために等式論理とともに用いられる．多ソート代数と組み合わせて用いる等式論理は，述語論理での関数記号を多ソート代数上で定義されている演算子に，述語記号を等号 $=$ に限定したものである．

$Nat1$ と $BOOL$ を持つ多ソート代数の例で，演算子 $>$ の意味を表す等式は以下のようなものが考えられる．

EQ1: $1 > x =$ 偽

EQ2: $s(x) > 1 =$ 真

EQ3: $s(x) > s(y) = x > y$

x，y はソート $Nat1$ の変数である．

等式には反射律（$A = A$），対称律（$A = B$ ならば $B = A$），推移律（$A = B$ かつ $B = C$ ならば $A = C$）が成り立つ．さらに，$t = u$ であるとき，$A = A[t/u]$（A 中の t を u で置き換えたもの）も成り立つ．これは「等しいもので置き換えても置き換えた結果は置き換える前と等しい」ということを表している．多ソート代数を意味的基礎とする形式手法の最大の特徴のひとつは，これらの等式の性質を使った書き換え操作にある．例えば，

$s(s(s(1))) > s(1) =$ 真 であること $(4 > 2)$ の証明

$s(s(s(1))) > s(1)$

$= s(s(1)) > 1$　　EQ3 で x を $s(s(1))$，y を 1 と置き換える

$=$ 真　EQ2 で x を $s(1)$ と置き換える

となり，等式が成り立つことの証明が行える．

参考文献

(1) Dirk van Dalen. Logic and Structure (Fifth Edition), Springer, 2013. 英語ではあるが，形式論理の標準的な教科書．2 章が命題論理，3 章が述語論理．自然演繹法は 2.4 節に書かれている．

(2) Axel van Lamsveerde. Requirements Engineering: From System Goals to UML Models to Software Specifications, Wiley, 2009. 要求工学の標準的な教科書でゴール指向要求分析法が詳しく書かれているが，4.4.2 節に時相論理の説明がある．

(3) Zohar Manna and Amir Pnueli. Temporal Verification of Reactive Systems –Safety. Springer, 1995. リアクティブシステムの性質を検証する手法を解説した本で，第 0 章に時相論理の説明が書かれている．

研究課題

1）表 9.1 の例にならって，$(p \land q) \Leftrightarrow \neg((\neg p) \lor (\neg q))$ が恒真式となることを示しなさい．p, q は任意の命題論理式とする．

2）以下の述語論理式は恒真式かどうかを述べなさい．真理値表を使ったり，公理体系で証明したりする必要はなく，判断した理由だけを述べるだけでよい．p, q は任意の述語論理式とする．

(a) $(\forall x \bullet (p \land q)) \Rightarrow ((\forall x \bullet p) \land (\forall x \bullet q))$

(b) $((\forall x \bullet p) \land (\forall x \bullet q)) \Rightarrow (\forall x \bullet (p \land q))$

3）以下の命題時相論理式は恒真式かどうかを述べなさい．判断した理由だけを述べるだけでよい．p, q は任意の命題論理式とする．

(a) $(\Box p) \Leftrightarrow (\neg \Diamond \neg p)$

(b) $(\Diamond (p \lor q)) \Leftrightarrow ((\Diamond p) \lor (\Diamond q))$

(c) $\Diamond p \Rightarrow \Box \Diamond p$

4)　「p が将来真となることがある場合は，その時よりも前に q が真となっている時がなければならない」[16)] を表す時相論理式を書きなさい．

5)　4 節 (5) の $Nat1$ と $BOOL$ を持つ多ソート代数の例で，$s(s(1)) > s(s(1)) =$ 偽　であることを証明しなさい．

16)　わざと曖昧な自然言語文で書いています．曖昧な箇所を見つけた場合はどう判断したかも書くこと．

10 形式的仕様記述言語

佐伯 元司

代表的な形式的仕様記述言語とその記述例を概説する．この章で取り上げる言語は，集合論と述語論理を意味的基盤とする言語Zと，多ソート代数を意味的基盤とする代数的仕様記述言語CafeOBJである．

1. はじめに

これまでに，開発されてきた形式的仕様記述言語は一般的には以下の2つに大別される[1)]．

1) モデル指向 (Model Oriented)

数学の構成的な概念，例えば集合，関数，直積などを用いて対象システムの抽象的なモデルを作ることによって仕様を記述していくための言語で，代表的なものにVDM-SL, Z, CSP (Communicating Sequential Processes), CCS (Calculus of Communicating Systems), ペトリネットなどが挙げられる．このカテゴリの言語では，対象システムの動作仕様を記述するために状態遷移モデルを活用し，システムの内部状態を状態変数の直積で表現し，遷移前の値と遷移後の値の間に成立する関係を記述したり，遷移前に前に成立する条件 (**事前条件**：pre condition) や遷移後の条件 (**事後条件**：post condition) を規定したりすることによって，仕様を定義することが多い．

2) 性質指向 (Property Oriented)

対象システムのモデルを作り上げるのではなく，システムの満たす

1) Jeannette M. Wing. A Specifier's Introduction to Formal Methods. IEEE Computer, 23(9):8–24, 1990.

べき性質を記述していくことによって，仕様を記述するための言語である．形式論理を用いて性質を公理として記述するものと，代数の等式として制約を記述するものとがある．前者の例としては，Larch, Iota, 時相論理を用いる手法があり，後者の例は OBJ3, Clear, ACT ONE などの抽象データ型の代数的仕様記述言語が挙げられる．さらに CafeOBJ などのようにオブジェクト指向的な考えとモジュール化機構を強化し，抽象データ型だけでなく一般的な情報システムの記述が行いやすくしたような言語もある．対象システムの動作仕様を記述するために，状態集合と状態遷移関数を考え，状態遷移関数および状態での性質を調べる観測関数の性質を定義していく手法がよく使われる．

その他に, 両者の性質を併せ持つ言語も存在する．例えば, 1988 年に ISO で規格化された LOTOS(Language of Temporal Ordering Specification)[2) は，モデル指向の CCS と性質指向の仕様記述言語 ACT ONE の両者の系統を組む言語である．LOTOS は，OSI の通信システムの仕様記述に用いられ，システムの動作に関する部分は動作式 (Behavior Expression) と呼ばれる CCS をベースにした言語で，システムが扱うデータおよびそのオペレーションは抽象データ型の代数的仕様記述言語 ACT ONE で記述する．

以下の節では，モデル指向型言語として Z，性質指向型言語として CafeOBJ を取り上げて解説する．

2）ISO/IEC international standard 8807:1989. Information Processing Systems - Open Systems Interconnection - LOTOS: A Formal Description Technique based on the Temporal Ordering of Observational Behaviour. https://www.iso.org/standard/16258.html, 1989.

2. モデル指向型言語 Z

Z[3] は，集合論と述語論理をその意味的基礎に置く言語で，記述対象システムを集合，写像，直積，列といった抽象的なオブジェクトとして捉えて仕様化する．Z では，対象システムが持っている内部状態，システムに対して適用可能なオペレーション，そのオペレーションが適用されたときに生じる状態遷移，どのような状態でも成り立つ不変の性質とを記述する．Z での記述の単位は，Paragraph と呼ばれ，1) 基本型の定義 (Basic Type Definition)，2) 公理の定義 (Axiomatic Definition)，3) 定数の定義，4) Z schema の 4 種類がある．このうち，仕様記述で重要な役割を果たすのが Z schema である．Z schema は以下の形式で記述される．

GenericSchema
Signature : 変数の宣言

Predicate : 変数間で成立する論理式

GenericSchema がこの Z schema の名前を表す．*Signature* 部分は，この Z schema で使用される変数名とその型を宣言する．

Z schema は，記述対象となるシステムの静的な性質と動的な性質を記述する．静的な記述では，システムが持っている状態を変数の組で宣言し，どんな状態においても成立する性質つまり不変式 (Invariant) を記述する．動的な記述では，システムに対し適用可能なオペレーションごとに Z schema でオペレーションの入出力間で成り立つ関係，適用したことによって起こり得るシステムの状態遷移を記述する．状態遷移は，*Signature* 部で定義した変数の遷移前の値と遷移後の値の関係を記述する．*Predicate* 部で入出力間の関係や状態遷移を論理式で記述する．*Predicate* 部には複数の論理式を書くことができる．この場合は，書かれたすべて

3) J. Michael Spivey. Z Notation - A Reference Manual (2nd. ed.). Prentice Hall, 1992.

の論理式が成立することを意味している．つまりすべての論理式を $\wedge$ で結合したことと同じである．

簡単な E-commerce のシステムの例を考えてみよう．このシステムでは，購入者は Login し，購入する商品を商品棚から選択しカートに入れていく (AddGood)．その後，料金を支払い (Pay)，Logout する簡単な例である．

まず，基本型 $BOOL$ と $Goods$ を下記のように宣言する．

$$BOOL ::= TRUE \mid FALSE$$

$$[Goods]$$

$BOOL$ は，$TRUE$，$FALSE$ の 2 値からなるデータ型であり，$Goods$ は商品の集合を表す．ここでは $Goods$ の具体的な中身つまり具体的な商品については関知せず，すでに与えられているものとする．

システム $COMMERCE$ の静的な性質は，以下の Z schema で定義される．

$$
\begin{array}{|l}
\hline
COMMERCE \\
\hline
logged\_in : BOOL \\
cart : Goods \mathrel{+\!\!\!\!\twoheadrightarrow} \mathbb{N}_1 \\
\hline
logged\_in = FALSE \Rightarrow cart = \varnothing \\
\hline
\end{array}
$$

システム $COMMERCE$ の持っている状態は，2 つの変数 $logged\_in$，$cart$ で表され，前者の $logged\_in$ が Login しているかどうかを表している．$logged\_in = TRUE$ のときに購入者はシステムに Login している．$cart$ はカートの中に入っている商品とその商品の個数を表す変数で，商品の集合 ($Goods$) から自然数[4)]への有限部分関数として定義されている．例えば，下記に示すように 缶ビール ($\in Goods$) という商品が 5 個カートに入っているすると，$cart$(缶ビール) $= 5$ である．

4）0 は含まない．

$$cart = \{ \text{缶ビール} \mapsto 5, \\ \text{赤ワイン} \mapsto 2\}$$

Z schema の *Predicate* 部分（水平線の下）の論理式が不変式であり，これらの変数間において常に成り立つ式を表している．ここでは，Login していなければ cart の中は空 (∅) であることを記述している．

以下の Z schema は，システム *COMMERCE* の初期状態を記述している．

$COMMERCE_{init}$

COMMERCE
$logged\_in = FALSE$

Z schema でオペレーションを定義していく前に，Z で使用される変数について少し触れたい．C などの通常の手続き型プログラム言語で，整数型の変数 `i` について `i = i + 1` と書くと，`i` で示された記憶場所に入っている値に`+1` を行い，その結果値を `i` の場所に戻すことを意味する．つまり変数は値を格納する箱を表している．それに対し論理式や Z に出現する変数は値そのものを指し，式中のどこに出現していても同じ値を意味している．Z schema で表現されたシステムの状態を表す変数は，$logged\_in$，$cart$ の 2 つであり，状態遷移によってこれらの値が変化する．式中の変数は「値」を指すため，状態遷移前の値を $logged\_in$，$cart$ で，遷移後の値を変数名にプライム記号 (′) をつけ，$logged\_in'$，$cart'$ で表す．Z schema の *Signature* 部分にその都度これらの変数を宣言するのは煩わしいため，略記法がいくつか用意されている．Δ の後に Z schema 名を続けると，指定された Z schema の *Signature* 部で宣言されている変数とプライム記号付きの同じ名前の変数が宣言されたことになる．不変式の式中の変数をプライム記号付きの同じ名前の変数名で置き換えた式も不変式として成り立つ．これを用いて，*COMMERCE* について可能なオペレーション *Login* を以下のように定義する．

Login

$$\Delta COMMERCE$$

$$logged\_in = FALSE$$
$$logged\_in' = TRUE$$
$$cart' = \varnothing$$

$\Delta COMMERCE$ は,

$$logged\_in, logged\_in' : BOOL$$
$$cart, cart' : Goods \nrightarrow \mathbb{N}_1$$

と宣言していることと同じであり，プライム記号付きの変数に対しての不変式

$$logged\_in' = FALSE \Rightarrow cart' = \varnothing$$

も成り立つ.

Login が実行される前に成立していなければいけない事前条件 (pre condition) は，*Predicate* 部の論理式のうちプライム記号付きの変数を含まない式である．$logged\_in = FALSE$ が実行前に成立していけなければならず，実行後は $logged\_in' = TRUE$，$cart' = \varnothing$ となる．なお実行前の *cart* の値は，Z schema *COMMERCE* の不変式より $cart = \varnothing$ であり，これを *Predicate* 部に明示的に記述する必要はない.

以下，*COMMERCE* について可能なオペレーションを同様に定義していく.

Logout

$$\Delta COMMERCE$$

$$logged\_in = TRUE$$
$$logged\_in' = FALSE$$

$$\begin{array}{|l}
\hline
\textit{AddGood} \\
\Delta COMMERCE \\
g? : Goods \\
\hline
logged_in = TRUE \\
logged_in' = TRUE \\
g? \notin \operatorname{dom} cart \Rightarrow cart' = cart \oplus \{g? \mapsto 1\} \\
g? \in \operatorname{dom} cart \Rightarrow cart' = cart \oplus \{g? \mapsto cart(g?) + 1\} \\
\hline
\end{array}$$

商品棚にある商品のカートへの追加は商品 1 つずつ行われる．*AddGood* はカートに追加する商品を入力引数にとり，これを $g?$ で表している．変数名の後に ? をつけて装飾し入力引数であることを示す．出力の場合は ! をつける．$g? \notin \operatorname{dom} cart$[5] は，$g?$ で表される商品がまだカートに入っていないことを表し，その場合はカートに新しい商品として追加し，購入個数を 1 とする．$cart \oplus \{g? \mapsto 1\}$ は，$g?$ 以外の商品の購入個数は変わりないが，$g?$ については 1 になるような関数を示している．$g? \in \operatorname{dom} cart$ はすでに同じ商品がカートに入っていることを示しており，この場合は現在の購入個数を 1 つ増やす $(cart(g?)+1)$．例えば，下記のようになる．

1) $g? =$ 白ワイン のとき $(g? \notin \operatorname{dom} cart)$

$$cart = \{\text{缶ビール} \mapsto 5, \text{赤ワイン} \mapsto 2\} \longrightarrow cart' = \{\text{缶ビール} \mapsto 5, \text{赤ワイン} \mapsto 2, \text{白ワイン} \mapsto 1\}$$

2) $g? =$ 赤ワイン のとき $(g? \in \operatorname{dom} cart)$

$$cart = \{\text{缶ビール} \mapsto 5, \text{赤ワイン} \mapsto 2\} \longrightarrow cart' = \{\text{缶ビール} \mapsto 5, \text{赤ワイン} \mapsto 3\}$$

この例からわかるように，Z schema の *Predicate* 部分は *logged_in* と *cart* で表されるオペレーションの実行前の状態と後の関係を記述している．

5) dom はあらかじめ Z に用意されている記号で，関数の定義域を表す．

$$
\begin{array}{|l}
\hline
\textit{Pay} \\
\Delta \mathit{COMMERCE} \\
\hline
\mathit{logged\_in} = \mathit{TRUE} \\
\mathit{logged\_in}' = \mathit{TRUE} \\
\mathit{cart} \neq \varnothing \\
\mathit{cart}' = \varnothing \\
\hline
\end{array}
$$

Z schema *Pay* は購入金額を支払うオペレーションで，実行前にはカートになにか商品が入っており，実行後はカートは空になる．

Z schema でのオペレーションの定義は，個々のオペレーションの事前条件，実行前後の関係を記述しており，オペレーションの実行順序は明示的には記述されていない．しかし，*Predicate* 部の記述に書かれているオペレーションの事前条件，実行後に成立する条件（事後条件）を追っていくと，実行順序がわかるものもある．例えば，*Pay* の事前条件の 1 つは $cart \neq \varnothing$ で，カートは空でないことを表している．初期状態では，*COMMERCE* の不変式 $logged\_in = FALSE \Rightarrow cart = \varnothing$ と併せると，$cart = \varnothing$ となっているため，実行後に *cart* の値を変える Z schema の実行が必要である．*AddGood* の実行後は，ある要素が *cart* に $\oplus$ で追加もしくは更新されるため空とはならない．つまり，任意の空でない集合 e に対して $cart \oplus e \neq \varnothing$ である．他の Z schema はいずれも $cart' = \varnothing$ とするため，*Pay* の実行前に *AddGood* が実行される必要がある．以上の議論は，本来であれば公理，推論規則や Z での種々の演算 ($\oplus$ など）の性質を使って厳密に導出する必要がある．

Z の支援ツールには，構文チェッカ，型チェッカ，証明支援系などが開発されている．図 10.1 は，Eclipse のプラグインとして開発された構文チェッカ，型チェッカで，LaTex 形式で入力された Z の記述の構文チェック，型チェックを行う[6)]．図中で変数 *cart* の型は有限関数 $Goods \twoheadrightarrow \mathbb{N}_1$

6）CZT: Community Z Tools – Tools for Developing and Reasoning about Z Specifications. https://czt.sourceforge.net/

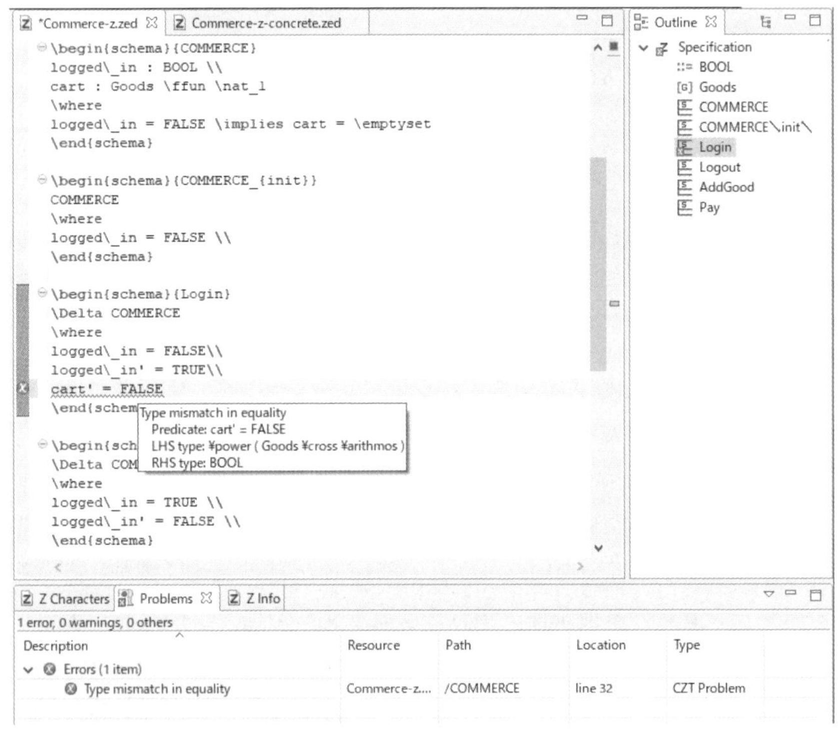

図 10.1　Z の構文，型チェッカ

で宣言されている（COMMERCE スキーマ参照）にもかかわらず，*Login* スキーマで *cart'* の値が *BOOL* の値 *FALSE* と等しいことを記述しており，型が不整合であると (Type mismatch in equality) とダイアログに警告が表示されている．

3. 性質指向型言語 CafeOBJ

性質指向型言語の例として二木らが開発した CafeOBJ[7)] を紹介する．代数に意味的基礎を置く**代数的仕様記述言語**は，もともとは抽象データ型の仕様記述言語として開発が進められてきた．抽象データ型は，データの実現手段やそれ自身の表現構造ではなく，許されるオペレーション

7） CafeOBJ – Algebraic Specification and Verification. https://cafeobj.org/

のみによってデータをとらえる考え方である．抽象データ型の代数的仕様記述言語では，ソートをデータ型，ソートの要素に対するオペレーションをそのデータ型を持つデータに許されるオペレーションとして意味づけする．ソートの属する項 (term) がソートが表しているデータ型のデータ値となる．下記の CafeOBJ での記述の一部を見てみよう．

```
[ Nat1 ]
op 1 : -> Nat1
op s : Nat1 -> Nat1
op plus : Nat1 Nat1 -> Nat1
vars M, N : Nat1
eq plus(1, N) = s(N) .
eq plus(s(M), N) = s(plus(M, N)) .
```

これはソート Nat1 と Nat1 に対して許される 3 つのオペレーション 1，s と plus を宣言している．1 は入力引数をとっていないのに対し，s はソート Nat1 の要素を 1 つ入力にとる．plus は Nat1 の要素を 2 つ入力にとる．これらの結果はいずれも Nat1 の要素である．このように入出力のソートを表したものをシグニチャと呼ぶ．ソート Nat1 の項とは，結果が Nat1 の要素となるオペレーションの適用の組み合わせである．例えば，4 つの項 1，s(1)，s(s(1))，plus(s(1), s(s(1))) は，すべて Nat1 の項である．この記述は自然数のデータ型を表しており，この型のデータに許されているオペレーションは 1，s，plus のみである．このデータ型のデータ値は Nat1 の項で表され，1，s(1)，s(s(1))，plus(s(1), s(s(1))) などがデータ値の例であり，各々自然数 1，2，3，5 を表している．オペレーションの意味はオペレーション同士の関係を規定する等式を用いて定義する．plus において成り立つ等式を記述した部分が eq から始まる部分である．vars は以下の等式の中で使用される変数名とそのソートを表している．ここで記述されている 2 つの等式を用いると，項 plus(s(1), s(s(1)))（2 + 3 の意味）は，

```
plus(s(1), s(s(1))).
  |   eq plus(s(M),N) = s(plus(M,N)) を使用
  |    { M |-> 1, N |-> s(s(1)) }とする
s(plus(1,s(s(1))))
  |   eq plus(1,N) = s(N)  を使用
  |    { N |-> s(s(1)) }とする
s(s(s(s(1))))
```

となり，項 s(s(s(s(1))))（5 の意味）と等しいことがわかる．

代数的仕様記述言語 CafeOBJ は，抽象データ型の定義だけではなく，オブジェクト指向の考え方やモジュール化機能を取り入れ，システム全般に対しても適用しやすいように様々な言語機能が取り込まれている．前節の *COMMERCE* の例を，CafeOBJ で記述してみよう．

```
mod GOODS {
 [Goods]
 ops g1 g2 g3 g4 g5 : -> Goods
}


mod CART {
 pr(GOODS + NAT)
 [Cart]
 op emp : -> Cart
 op add : Cart Goods  -> Cart
 op num : Cart Goods -> Nat
 var C : Cart
 vars G1, G2 : Goods
 eq num(emp, G1) = 0 .
 ceq num(add(C, G1), G2) = s(num(C, G2)) if G1 == G2 .
 ceq num(add(C, G1), G2) = num(C, G2) if G1 =/= G2 .
}
```

mod はモジュールの宣言であり，この中でソート，オペレーションの宣言，変数の宣言，オペレーションの等式の記述を行う．別の定義済みのモジュールを読み込み，読み込んだモジュールで定義されているソート，オペレーションを使用することもできる．上の例は 2 つのモジュール GOODS と CART を定義している．モジュール CART は，pr(GOODS + NAT) で，別の定義済みモジュール GOODS（上で定義済み）と NAT（CafeOBJ のあらかじめ用意されているライブラリで定義済み）[8] を読み込んでいる．ソート Goods は商品の集合であり，この例ではオペレーションで定義されている g1，$\cdots$，g5 の 5 つの商品のみを扱う．Cart は商品を入れるカートのソートで，空のカートを表す emp，商品をカートに追加する add，カートに入っている商品を数える num のオペレーションが定義されている．ceq で定義される等式は条件つきであることを示し，if の後の式が真であればその等式が成り立つことを示している．例えば，num(add(add(add(emp,g1),g2),g1),g1) は，

num(add(add(add(emp,g1),g2),g1),g1)
→ s(num(add(add(emp,g1),g2),g1)) (g1 == g1 による)
→ s(num(add(emp,g1),g1))
　(g1 =/= g2 (g1 と g2 は異なる)[9] による)
→ s(s(num(emp,g1))) (g1 == g1 による)
→ s(s(0)) (num(emp,g1)=0 による)

となり，結果は 2 個であることがわかる．

Login し，買い物を行い，支払いを済ませ，Logout するという振る舞い部分のモジュール COMMERCE は以下のようになる．

```
mod COMMERCE {
 pr(CART)
 [Init GoodsAdded Loggedin]
```

8）0 と自然数を表す．
9）=/=は正確には左辺と右辺を等式で書き換えていったとしても同じ項とならないという意味である

```
  [GoodsAdded < Loggedin]
  op init : -> Init
  op login : Init -> Loggedin
  op addgood : Loggedin Goods -> GoodsAdded
  op pay : GoodsAdded -> Loggedin
  op logout : Loggedin -> Init
  op cart : Loggedin -> Cart
  var S : Loggedin
  var B : GoodsAdded
  var C : Cart
  var G : Goods
  eq cart(login(init)) = emp .
  eq cart(addgood(S, G)) = add(cart(S), G) .
  eq cart(pay(B)) = emp .
}
```

このモジュールは，ソート Init，GoodsAdded，Loggedin を定義しており，各々初期状態 (Login していない状態)，カートに商品が入っている状態，Login している状態を表している．GoodsAdded 状態であればそれは Loggedin している状態でもある，つまりソート GoodsAdded は Loggedin に含まれていることを意味し，[GoodsAdded < Loggedin] でそれを宣言している．オペレーションのうち，init，login，addgood，pay，logout が状態遷移を起こす動作に対応し，その出力が遷移先の状態を表す．支払い動作を表す pay は，ソート GoodsAdded の項，つまりカートに商品が入っているという状態でないと実行できないため，その入力のソートは GoodsAdded となっている．addgood を行うと，カートに商品が 1 つ以上は入っていることになるため，GoodsAdded に遷移するが，Loggedin 状態でもある．cart は，現在の状態でのカートの中身がどうなっているかを調べるオペレーションであり，状態の性質を調べる観測関数である．例えば，ソート GoodsAdded の項 addgood(addgood(addgood(login(init),g1),g2),g1) は，Login

後，g1，g2，g1 をこの順でカートの中に入れていったときの状態を表しており，そのときのカートの中身は項 add(add(add(emp,g1),g2),g1) で表される．商品 g1 がいくつカートに入っているかを調べるには，モジュール CART を読み込んでいることより，オペレーション num を使い，num(cart(addgood(addgood(addgood(login(init),g1),g2),g1)),g1) とすると，

→ num(add(add(add(emp,g1),g2),g1),g1)
→ （モジュール CART の説明中の上述の例参照）
→ 2

となる．

図 10.2 にツール[10] を用いて 3 つの項の実行（簡約:reduce）を行った結果を示す．番号が振られた下線部分が実行させた項，それから 2 行下の下線部分が結果である．

① **pay(login(init))**

pay の入力ソートが Loggedin になったため，エラーとなり，?が Loggedin の前について表示されている．つまり，login を行った後にカートになにも商品を追加しないままで pay を行うことはできない．

② **pay(addgood(login(init), g1))**

この項のソートが正しく Loggedin になったことが表示されている．これは login 後に商品 g1 をカートに追加し（addgood(login(init), g1)），pay（g1 の支払いを行う）を表現しており，正しい振る舞いとなっている．

③ **num(cart(addgood(addgood(addgood(login(init),g1),g2),g1)),g1)**

2 になったことが表示されている．この例は，上で述べた例の実行結果である．

10） CafeOBJ – Algebraic Specification and Verification. https://cafeobj.org/

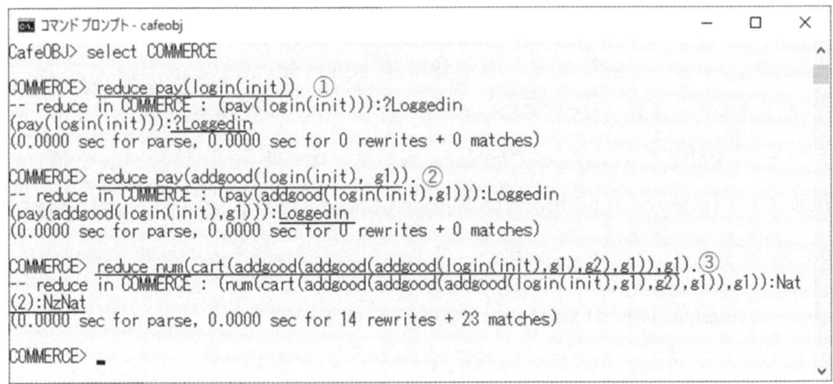

図 10.2　CafeOBJ のツールによる実行例

参考文献

(1) J. Michael Spivey. Z Notation - A Reference Manual (2nd. ed.). Prentice Hall, https://spivey.oriel.ox.ac.uk/corner/Z_Reference_Manual, 1992. Z の教科書的な本．証明例も出ている．

(2) CafeOBJ - Algebraic Specification and Verification. https://cafeobj.org/, CafeOBJ のサイト．処理系がダウンロードできるだけでなく，各種の文書も入手できる．

研究課題

Z と CafeOBJ の記述に関する問題には曖昧な部分が含まれている可能性がある．曖昧な部分を見つけた場合は，自分がどう判断したかを書きなさい．

1) 本文中の Z 言語による *COMMERCE* の記述例について，カートに入れた商品 $g?$ の購入をやめて商品棚にもどすオペレーション *ReturnGood* の Z schema を記述しなさい．ヒント：A から a を取り去るのは $A \setminus a$ と書く．

2) CafeOBJ によるモジュール *COMMERCE* の記述例について，下記の問いに答えなさい．

   (a) `logout(addgood(login(init), g1))` を実行させるとどうなると思うか，またその結果は何を意味しているかを述べなさい．

(b) 商品をカートに入れた場合は必ず支払いをして Logout するようにするにはどのように変えればよいかを示し，動作を説明しなさい．

3) Z 言語と CafeOBJ の利点，欠点について自分の所見を述べ，どのような分野のソフトウェア開発に向いているか，どのような分野の開発は不得手であるか，自分の意見を述べなさい．

11 形式手法による検証

佐伯　元司

形式手法を用いて具体的な記述へと段階的に詳細化していく手法がある．この手法では詳細化するたびに，証明義務と呼ばれる，「詳細化後の記述は詳細化前のそれを満たしている」という論理式を証明していかなければならない．また，ソフトウェア開発の形式手法の応用として状態遷移モデルで開発対象システムの振る舞いを仕様化し，モデルチェッカと呼ばれるツールで仕様を検査する手法がある．例題を通して，これらの手法を解説する．

1. 段階的詳細化による開発

(1) 段階的詳細化

形式仕様は，演繹体系を持った数学的体系によって厳密に意味づけされているので，その演繹規則を用いて，ある意味的な性質を保ちつつ別の記述へと変換できるはずである．変換の結果最終的に得られるものが実際のプログラムとなっており，しかもその変換が形式仕様を満たすように行われるのであれば，高品質のソフトウェア開発が効率的に行なえる．このような変換は，完全に自動的に行うことは現在の技術では困難であるため，ある程度人手に頼らざるを得ない．このように，ある規則に基づいて形式仕様を段階的に変換し，最終的にプログラムを得るという，変換に基づく開発プロセスや支援ツールの研究が行われてきた．特に，VDM-SL や Z に代表されるモデル指向型の形式的仕様記述言語では，Data Reification（データ構造を数学的な抽象モデルから実際のプログラム言語で用意されているような実現可能な効率的な構造に変換する），Operation Refinement（オペレーションの実現）などの変換を行うことにより，具体的な記述へと変換し，最後にはプログラムを得る．

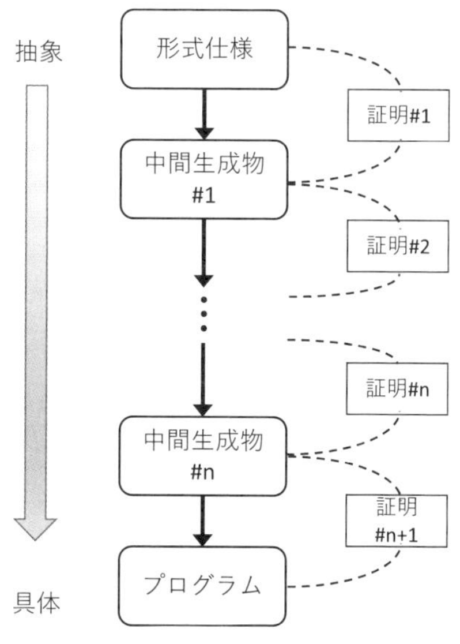

図 11.1　段階的詳細化

ただし，これらの規則を適用した際に，変換されて得られたものがもとの記述を満足しているということを示すために，その都度ある性質の証明を行ってやる必要がある．これを**証明義務**(Proof Obligation) という．図 11.1 にこれを示す．変換される前の仕様を抽象仕様，変換後のそれを具体仕様と呼ぶ．抽象的な部分をより具体的に変えていくということで，変換を「詳細化」という．図 11.1 に示すように，詳細化は何回も少しづつ行っていくため，**段階的詳細化**という．以降の節で，証明義務について例を用いて解説していくが，その前に 10.2 節の *COMMERCE* の例の具体仕様をまず述べる．

(2) 具体仕様の例

第 10 章 2 節の Z の解説で使用した E-Commerce システムの具体仕様を考えてみよう．以下に，まずこの章で使用する抽象仕様 *COMMERCE* の定義部分を再掲する．

$$
\begin{array}{|l}
\hline
\textit{COMMERCE} \\
\textit{logged\_in} : \textit{BOOL} \\
\textit{cart} : \textit{Goods} \mathrel{+\!\!\!\!\twoheadrightarrow} \mathbb{N}_1 \\
\hline
\textit{logged\_in} = \textit{FALSE} \Rightarrow \textit{cart} = \varnothing \\
\hline
\end{array}
$$

この例では，カートは商品 ($Goods$) から購入個数 ($\mathbb{N}_1$) への有限関数 $cart$ で定義されている．例えば 缶ビール($\in Goods$) 5 本をカートに入れた場合は，$cart$(缶ビール) $= 5$ となっている．

有限関数をプログラム言語のデータ型に近いものに詳細化することを考える．$cart$ は商品名からその購入個数を返す関数であるため，商品名と個数を対応づけられるデータ構造を考えればよい．ここでは，2 つの配列を使って具体化してみよう．カートに入れた商品名を格納する配列 $goods\_name$ と個数を格納する配列 $quantity$ を用意する．配列の添え字によって，商品名と個数とを対応づける．配列は数学的には $\mathbb{N}_1$ から格納物への有限関数である[1)]．缶ビール5 本がカート内に入っておりそれ以外の商品はまだカートには入っていないという例は，

$goods\_name(1) =$ 缶ビール

$quantity(1) = 5$

と表される．詳細化したシステム $COMMERCE\_c$ の Z schema は以下のようになる．

1) この例では配列の添え字は 1 から始まるとしている．

$$
\begin{array}{|l}
\hline
\textit{COMMERCE\_c} \\
\textit{logged\_in\_c} : \textit{BOOL} \\
\textit{goods\_name} : \mathbb{N}_1 \mathrel{+\!\!\!\twoheadrightarrow} \textit{Goods} \\
\textit{quantity} : \mathbb{N}_1 \mathrel{+\!\!\!\twoheadrightarrow} \mathbb{N}_1 \\
\textit{num} : \mathbb{N} \\
\hline
\textit{logged\_in\_c} = \textit{FALSE} \Rightarrow \textit{num} = 0 \\
\forall\, i, j : 1..\textit{num} \bullet (i \neq j \Rightarrow \textit{goods\_name}(i) \neq \textit{goods\_name}(j)) \\
\hline
\end{array}
$$

状態を表す $logged\_in\_c$ は，詳細化前の元の仕様 $COMMERCE$（抽象仕様）での変数と同じ意味で，ショッピング客が Login しているかどうかを表す変数である．num はカートに入っている商品の種類の数で初期値は 0 である．カートが空であることは，$num = 0$ で表現している．$Predicate$ 部に書かれている 2 行目の式は，配列 $goods\_name$ には同じ商品名が重複して入っていないことを示している．

$COMMERCE$ と $COMMERCE\_c$ との関係を Z schema を使って定義してみよう．Login しているかどうかを表す $COMMERCE$ の変数 $logged\_in$ と $COMMERCE$ の変数 $logged\_in\_c$ は同じ値である．$COMMERCE$ の変数 $cart$ と $goods\_name$，$quantity$，num の関係は，例えば

$$
\begin{array}{lcl}
cart = \{\,\text{缶ビール} \mapsto 5, & \Longleftrightarrow & goods\_name(1) = \text{缶ビール} \\
\qquad\quad \text{赤ワイン} \mapsto 2\} & & goods\_name(2) = \text{赤ワイン} \\
 & & quantity(1) = 5 \\
 & & quantity(2) = 2 \\
 & & num = 2
\end{array}
$$

となる．$cart$ の定義域と $goods\_name$ に入っている商品名の集合とは一致していなければならないことに注意しよう．上の例では，どちらも {缶ビール, 赤ワイン} となっている．このような関係を Z schema を使って書くと以下のようになる．

$RetrieveRelation$

$COMMERCE$

$COMMERCE\_c$

$logged\_in = logged\_in\_c$

$\mathrm{dom}\, cart = \{i : 1..num \bullet goods\_name(i)\}$

$\forall\, i : 1..num \bullet cart(goods\_name(i)) = quantity(i)$

このような抽象仕様と詳細化された具体仕様との関係を記述したものを検索関係 (Retrieve Relation) と呼ぶ．検索関係では，仕様中で定義されている変数の関係を論理式で記述する．この関係を考慮し，初期状態，カートに商品を追加するオペレーションの具体仕様 $AddGood\_c$ は以下のようになる．

$COMMERCE\_c_{init}$

$COMMERCE\_c$

$logged\_in\_c = FALSE$

$$
\begin{array}{|l}
\hline
\textit{AddGood\_c} \\
\Delta COMMERCE\_c \\
g? : Goods \\
\hline
logged\_in\_c = TRUE \\
logged\_in\_c' = TRUE \\
(\forall\, i : 1..num \bullet g? \neq goods\_name(i)) \Rightarrow \\
\quad (num' = num + 1 \land \\
\quad goods\_name' = goods\_name \oplus \{num' \mapsto g?\} \land \\
\quad quantity' = quantity \oplus \{num' \mapsto 1\}) \\
(\exists\, i : 1..num \bullet g? = goods\_name(i)) \Rightarrow \\
\quad (num' = num \land goods\_name' = goods\_name \land \\
\quad \exists\, j : 1..num \bullet (g? = goods\_name(j) \land \\
\qquad\qquad quantity' = quantity \oplus \{j \mapsto quantity(j) + 1\})) \\
\hline
\end{array}
$$

カートの中の状態を表す 2 つの配列 $goods\_name$，$quantity$ がオペレーション $AddGood\_c$ の実行前と後で変化する可能性がある．$Predicate$ 部の 3 行目以降の式が前後の値の関係を記述しており，追加する商品 $g?$ と同じものがカートに入っていない場合 $(\forall\, i : 1..num \bullet g? \neq goods\_name(i))$，カートにすでに入っている場合 $(\exists\, i : 1..num \bullet g? = goods\_name(i))$ とに分かれている．前者の場合は，$goods\_name$ に新しい商品 $g?$ を追加し，その購入個数 1 を $quantity$ に追加する．後者の場合は，$g?$ に該当する $quantity$ の値を+1 した値を実行後の $quantity$ とする．なお後者の場合は $goods\_name$ は実行前後で変化しない．

(3) 証明義務

図 11.2 にどのような証明義務があるかの概略を，$COMMERCE$ と $COMMERCE\_c$ の例を用いて状態遷移の観点から示す．

$COMMERCE$ での状態集合を $State\_a$，$COMMERCE\_c$ の状態集合を $State\_c$ で表す．状態は，Z schema の $Signature$ 部分で宣言された変

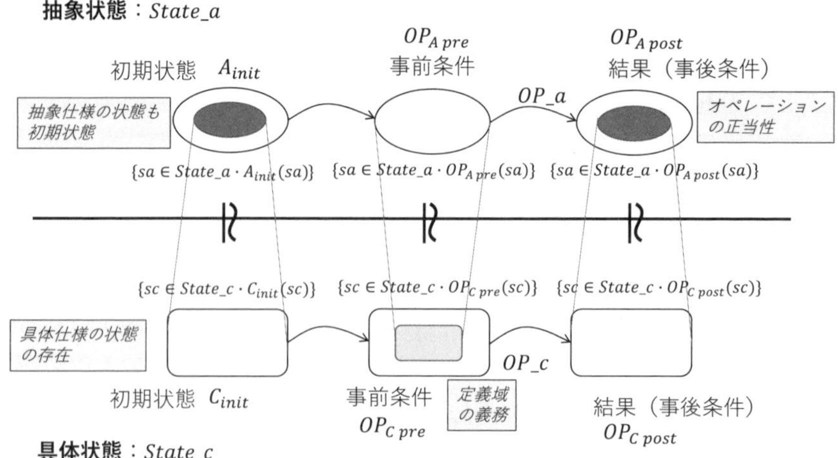

図 11.2　オペレーション OP の証明義務の概略：状態遷移の観点から

数の値の組み合わせで，$Predicate$ 部分で記述された不変式を満たすもののみである．$COMMERCE$ の例では，$logged\_in$ と $cart$ の 2 つの変数が $Signature$ 部分で宣言されている．状態集合はそれらの定義域の直積 $BOOL \times (Goods \nrightarrow \mathbb{N}_1)$ で，不変式 $logged\_in = FALSE \Rightarrow cart = \varnothing$ を満たす値のペアのみとなる．つまり，$State\_a = \{(logged\_in, cart) \in BOOL \times (Goods \nrightarrow \mathbb{N}_1) \bullet logged\_in = FALSE \Rightarrow cart = \varnothing\}$ である．具体例を挙げると，$(FALSE, \varnothing)$ や $(TRUE, \{$ 缶ビール $\mapsto 5,$ 赤ワイン $\mapsto 2\})$ などが $State\_a$ の要素である．$COMMERCE$ の不変式により，前者の例のように第 1 要素 $(logged\_in)$ が $FALSE$ の場合は第 2 要素 $(cart)$ は $\varnothing$ でなければならないことに注意していただきたい．

図 11.2 中で楕円や角丸四角形が状態（の集合），矢印は状態遷移を，状態の上もしくは下につけられたラベルが図形内にある状態が満たす論理式を表し，この論理式が抽象仕様，具体仕様で記述されている．例えば，A_{init} がつけられた状態（初期状態）は，A_{init} を満たすような状態の集合（$\{sa \in State\_a \bullet A_{init}(sa)\}$）を表している．$COMMERCE$ の例では，初期状態の集合は $COMMERCE_{init}$ の $Predicate$ 部の論理式 $logged\_in = FALSE$ を満足する状態集合である．同様に $OP_{A\ pre}$，$OP_{A\ post}$ はオペレーション

OP_A の実行前に成立していなければならない**事前条件**(pre condition)，実行後に成立していなければならない**事後条件**(post condition) を表している．$COMMERCE$ のオペレーション $AddGood$ では，その Z schema の $Predicate$ 部の

$$logged\_in = TRUE$$
$$logged\_in' = TRUE$$
$$g? \notin \mathrm{dom}\, cart \Rightarrow cart' = cart \oplus \{g? \mapsto 1\}$$
$$g? \in \mathrm{dom}\, cart \Rightarrow cart' = cart \oplus \{g? \mapsto cart(g?) + 1\}$$

である．事前条件はこのうち $'$ 付きの変数を含まない式，事後条件は $'$ 付きの変数を含む式となる．この例では，$logged\_in = TRUE$ のみが $AddGood$ の事前条件，他の 3 つの式は事後条件である．

図中の $\wr$[2] は，$State\_a$ と $State\_c$ の対応を表しており，両者の間に成り立つ対応関係を論理式で定義する．ここでは，11.1(2) で示したように Z schema $RetrieveRelation$ を使って，$(logged\_in,\ cart)$ と $(logged\_in\_c,\ goods\_name,\ quantity)$ の間に成り立つ関係を定義している．

$$\begin{aligned}
&(logged_in, cart) \in State_a \simeq \\
&\qquad (logged_in_c, goods_name, quantity) \in State_c \\
&\Leftrightarrow \\
&logged_in = logged_in_c \wedge \\
&\mathrm{dom}\, cart = \{i : 1..num \bullet goods_name(i)\} \wedge \\
&\forall\, i : 1..num \bullet cart(goods_name(i)) = quantity(i)
\end{aligned}$$

となる．

証明義務は，$State\_a$，$State\_c$ が適切に対応づけることができることを証明するものであり，具体的には上記の $\simeq$ 関係に対して，以下のようなものがある．

2）以降では，$\simeq$ と横書きを使用する．

1) Data Reification：データ構造の具体化が抽象仕様に対して適切に行われたかに関するもので，以下の 2 つがある．

(a) 具体仕様の状態の存在：抽象仕様で記述されているどんな状態についても，それに対応する具体仕様の状態が存在する．図 11.2 で，$State\_a$ 中のどんな状態に対しても，$\simeq$ で対応づけられる $State\_c$ 中の状態が存在することを述べている．対応づけられる $State\_c$ 中の状態は具体仕様の不変式を満たさなければならず，不変式の成立も証明義務に入っていることに注意されたい．
$s_a \in State\_a \vdash^{3)} \exists s_c \in State\_c \bullet s_a \simeq s_c$

(b) 抽象仕様の状態も初期状態：具体仕様で初期状態であるとき，対応する抽象仕様の状態も初期状態に対応していなければならない．つまり，具体仕様の初期状態に対応する抽象仕様の状態は，抽象仕様で記述されている初期状態の性質を満たすことを証明しなければならない．図 11.2 中の一番左側の状態の対応部分が示す通り，具体仕様での初期状態の集合の各要素を $\simeq$ で対応づけて作られる状態集合は，抽象仕様の初期状態の集合に含まれることを意味している．
$C_{init} \vdash A_{init}$ [4)]

2) Operation Refinement：各オペレーションに対して以下の 2 つがある．

(a) 定義域の義務 (Domain Obligation) ：抽象仕様の事前条件が成り立てば，対応する具体仕様の状態でも具体仕様の事前条件が成り立つ．これは，抽象仕様のオペレーションが適用できる範囲（オペレーションの定義域）が，具体仕様では同じか広くなっていることを意味している．

---

3) $\vdash$ は証明可能の意味で，例えば $p \vdash q$ は論理式 p（集合でもよい）を前提として，q が証明できることを表している．詳細は第 9 章の 4 節 (1)，(3) を参照されたい．

4) 証明義務としてあがっている式は，一見しただけでそのイメージが理解できるように簡略化してある．実際には，各仕様で記述されている不変式を前提として証明に使用したり，状態遷移の前後でも不変式が成り立っていることも合わせて証明したりする必要がある．

$OP_{A\ pre} \vdash OP_{C\ pre}$

AddGood と *AddGood_c* の例での証明義務は以下のようになる.

$$\{logged\_in = TRUE, RetrieveRelation,$$
$$COMMERCE\_c \text{ の不変式 }\}$$
$$\vdash logged\_in\_c = TRUE$$

(b)　オペレーションの正当性：具体仕様のオペレーションの実行結果の状態は，抽象仕様の実行結果の状態に対応づけられている．つまり，具体仕様のオペレーション実行後の状態と対応する抽象仕様の状態は，抽象仕様のオペレーション実行後の状態の条件を満たしている.

$OP_{A\ pre}, OP_{C\ post} \vdash OP_{A\ post}$

この証明義務の具体例は，次節で証明例とともに示す.

（4）証明例

前節で示した具体仕様の証明義務を考え，それらの中からオペレーション *AddGood_c* の Operation Refinement の証明義務を証明してみよう．以下の 2 つを証明すればよい.

1)　定義域の義務 (Domain Obligation)：抽象仕様 *AddGood* の事前条件が成り立つとき，具体仕様 *AddGood_c* の事前条件も成り立つ.
2)　オペレーションの正当性：*AddGood_c* の実行後の状態（具体状態）と対応する抽象状態が *AddGood* の実行後の状態の条件（事後条件）を満たしている.

以下で，証明すべき式を述べる.

1)　定義域の証明義務：

$logged\_in = TRUE$, $RetrieveRelation$, $COMMERCE\_c$ の不変式を前提とし，$logged\_in\_c = TRUE$ を示せばよい．この証明は以下の

ようになる.

$$logged\_in = logged\_in\_c \quad [RetrieveRelation \text{ より}]$$
$$logged\_in = TRUE \quad [\text{前提の } logged\_in = TRUE \text{ より}]$$
$$logged\_in\_c = TRUE \quad [\text{上の 2 つの式と = の左辺の出現を右辺で置き換えてもよいという性質より}]$$

2) オペレーションの正当性：
AddGood の事前条件，*AddGood_c* の結果を表す式（事後条件），*RetrieveRelation*, *AddGood_c* の不変式を前提として，*AddGood* の結果を表す式（事後条件）が成り立つことを示せばよい．*AddGood* の結果を表す式は,

$$logged\_in' = TRUE$$
$$g? \notin \mathrm{dom}\, cart \Rightarrow cart' = cart \oplus \{g? \mapsto 1\}$$
$$g? \in \mathrm{dom}\, cart \Rightarrow cart' = cart \oplus \{g? \mapsto cart(g?) + 1\}$$

の 3 つであり，これらを証明する.
このうち，第 1 式の $logged\_in' = TRUE$ は,

$$logged\_in\_c' = TRUE \quad [AddGood\_c \text{ の結果を表す式より}] \text{ と}$$
$$logged\_in' = logged\_in\_c' \quad [RetrieveRelation'^{5)} \text{ より}]$$

から明らかである.
残りの 2 つの式はすでに商品 $g?$ がカートに入っているか否かで場合分けをしている式である．このうち，$g? \notin \mathrm{dom}\, cart$ の場合について，$cart' = cart \oplus \{g? \mapsto 1\}$（第 2 式）が成り立つことの証明例を付録にあげる[6)]．証明では，構造帰納法や証明するための補題を設定

5) *RetrieveRelation'* は *RelativeRelation* の中に出現する変数にプライム記号 (′) をつけたものである．これは状態遷移後も *RelativeRelation* で規定された対応関係が保持されることを表している.

6) ここで述べる証明例はあくまでも一例であり，唯一の証明のやり方というわけではない．種々の証明事例などについての詳細は章末の Z の参考文献などを参照されたい.

することなどを行っている．

(5) 証明のやり方

証明義務を証明する際には，下記のような定理や推論規則を使って行う．

1) 通常の述語論理の公理，推論規則，定理

2) データ型の基本演算子の公理，定理

（例）関数

$\mathrm{dom}\,\varnothing = \varnothing$

$(f \oplus \{x \mapsto y\})(x) = y$

$z \neq x \Rightarrow (f \oplus \{x \mapsto y\})(z) = f(z)$

$f = g \Leftrightarrow (\mathrm{dom}\,f = \mathrm{dom}\,g \wedge \forall x \in \mathrm{dom}\,f \bullet (f(x) = g(x)))$ など．

3) データに関する**構造帰納法**

すべての x について，$P(x)$ が成り立つことを証明する際に，x のデータ型に関する構造帰納法を用いる．構造帰納法については，第 9 章 4 節 (3) を参照されたい．

4) 背理法：証明したい式の否定をとり，矛盾を導く

5) $=$ を使った代入

例えば，$x = f(t)$ が証明されたときに，式 G を $G[x/f(t)]$（G 中の x の出現を $f(t)$ で置き換えたもの）と置き換えて証明を進めるなど．

2. モデル検査

モデル検査は，対象システムの形式的記述がある性質を満たしているかどうかをコンピュータツール（モデルチェッカと呼ぶ）で検査する手法であり，通常は対象を状態遷移モデルで記述し，チェックしたい性質を時相論理式で記述する．第 9 章 4 節 (1) や (2) で述べた公理と推論規則を用いて定理証明としてある性質を証明するのではなく，システムが取り得る状態と遷移系列すべてで性質を記述した論理式が真であるかどうかを網羅的にチェックする手法が取られる．その意味では真理値表のように可能なすべての値の割り当てについて論理式が真であるかどうかを調べる考え方である．モデルチェッカの一つの特徴として，性質が成り立たない場

合，反例を出力する．これまでに，SPIN (Simple Promela INterpreter), SMV, UPPAAL, **LTSA (Labelled Transition System Analyzer)** などの**モデルチェッカ**が開発されてきた．ここでは，LTSA[7] を紹介する．

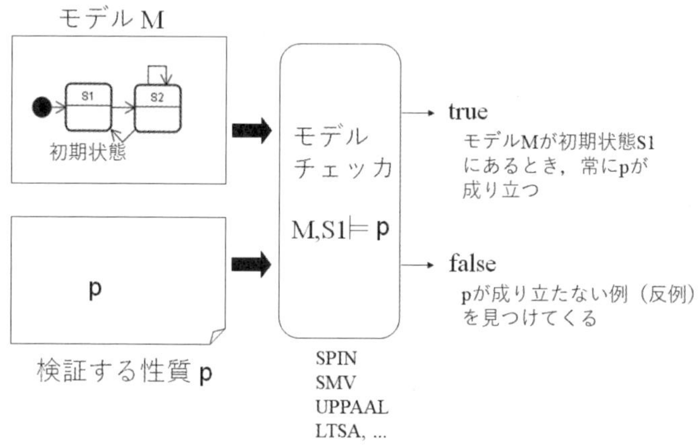

図 11.3　モデルチェッカ

（1）FSP: Finite State Process

LTSA は並列に動作するシステムの検証を行うツールで，対象システムの形式仕様がある性質を満たしているかどうかをチェックする．LTSA での並列システムは，通信し合う複数の有限状態遷移モデルとして記述され，**FSP(Finite State Process)** と呼ばれるプロセス代数を意味的基礎とする形式的仕様記述言語を使って記述する．FSP で記述するのは対象システムの振る舞い (Behavior) である．記述の単位はプロセスで，原始プロセス (Primitive Process) とプロセスを複数組み合わせて作られる複合プロセス (Composite Process) からなる．原始プロセスは，action prefix, choice, recursion を使って定義され，手続き型プログラム言語のプログラムステートメントの構成法である順次実行，分岐，繰り返しに対応している．振る舞いは，アクション (action) と呼ばれる不可分な動作 (atomic action) の起こり得る列を表現している．不可分な動作とはこ

7) https://www.doc.ic.ac.uk/~jnm/book/

れ以上分割や詳細化が不可能であり，動作には時間経過を要しない，つまり開始から終了まで時間経過がない動作である．FSP は離散時間モデルを採用しており，アクションが起こることが時刻を 1 つ進めることに対応し，対象システムの状態が遷移するとしている．

1）　action prefix : action prefix は，`(a -> P)` の形式をしており，アクション `a` が起こり（生起し），その後プロセス `P` で規定された振る舞いがなされる．`->`を action prefix と呼ぶ．FSP ではアクションは英字小文字を使用する．プロセス名は英字大文字から始める．

2）　choice：`(a -> P | b -> Q)` と書き，`|`を choice operator と呼ぶ．アクション `a` か `b` かのどちらかが起こり，`a` が起こった場合は `P`，`b` が起こった場合は `Q` の振る舞いがその後は続く．`|`で分岐している式の前にガード (Guard) と呼ばれる条件をつけることができ，その条件が真のときにその分岐を行うことができる．ガードは when を使って記述する．例えば，`(when B a -> P | b -> Q)` は，ガード `B` が真のときには `a` もしくは `b` のどちらかが起こる．`B` が偽の時は `a` の生起は選択できず `b` が起こる．ガードが真であれば必ずその式の振る舞いが行われるという意味ではなく，選択できるという意味に注意されたい．

3）　recursion：等号を使ってその左辺でプロセス名を宣言し，プロセスの振る舞いを記述している右辺で同じプロセス名を使用することにより，再帰的な定義となり，繰り返し実行が記述できる．例えば，`P = (a -> P).` と記述すると，プロセス `P` が定義され，その振る舞いは a を無限に繰り返すことになる．

複合プロセスは，複数のプロセスを並列に実行させるオペレータ`||`で結合して構成される．例えば，以下のように 2 つのプロセス `P` と `Q` が並列に動作する新たなプロセス`||PandQ` は，

```
P = (a -> c -> P).
```

```
Q = (b -> a -> Q).
||PandQ = (P || Q).
```

と書く．並列に動作するプロセスの名前は，先頭に||をつける．並列に動作するプロセスの場合，プロセス間の同期が重要になる．FSP では，同じ名前のアクション名が出現している場合，そのアクションで同期がとられる．上の例では，P，Q の両方に出現しているアクション a は同時に起こらないといけない．従って，最初に生起可能なアクションは Q の b しかない．なぜなら P の最初のアクション a は Q にも出現しているため，Q でまず b が起こり P，Q の双方で a が生起可能とならなければ起こせないからである．つまり，2 つのプロセスは a の生起によって同期がとられる．

(2) 記述例

login を行い，商品棚から購入商品をカートに追加するアクション addgood を任意回行い，支払い pay，logout を行う簡単なプロセス COMMERCE_SIMPLE の例を記述してみよう．

```
COMMERCE_SIMPLE = (login -> COMMERCE1),
COMMERCE1 = (addgood -> BUY
             |
             logout -> COMMERCE_SIMPLE),
BUY = (addgood -> BUY
       |
       pay -> COMMERCE1
      ).
```

この例では，3 つのプロセス COMMERCE_SIMPLE，COMMERCE1，BUY を定義している．logout をすると，最初の login ができる状態にもどり，これを無限に繰り返す．FSP の記述は状態遷移を意識させるというよりは起こり得るアクション系列を規定している．LTSA には FSP から状態遷移モデルを生成する機能があり，このモデルの上でアクションを起こすことにより状態遷移をアニメーションで表示する機能もある．生成された状態遷移モデルはラベル付き遷移システム (LTS: Labelled Transition System) と呼ばれる．なお，FSP では通常のアクション記法では「プロセス外から入ってくる」，「プロセス内で起こる」に区別はない[8)]．

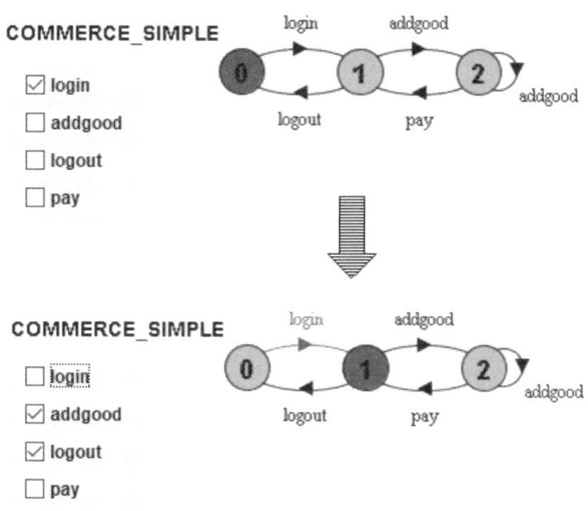

図 11.4　LTS（ラベル付き遷移システム）とアニメータ

図 11.4 に上の例から生成した LTS とアニメータによる遷移の実行とその表示例を示す．右側の図が LTS，左側のダイアログが実行するアクションを入力する部分である．LTS の図中，円が状態，矢印が遷移を表している．図中の上部の図では，現在の状態は 0 で示された状態で，ダイアログには `login`, `addgood`, `logout`, `pay` の 4 つのアクションが表示されている．これらは FSP に出現するアクションである．このうち，`login` のみにチェック印が入っており，`login` のみが生起可能なアクションであることを示している．`login` のチェック印の部分をクリックすると，遷移が起こり，図 11.4 の下部の図のようになる．この図での現在の状態は 1 であり，`addgood` と `logout` のみが起こせることがわかる．アニメータ

8）FSP には，アクションがプロセス内で起こりそのプロセスの外からは生起が見えなくする記法もある．

は対話的に遷移をシミュレートできるようになっており，仕様記述者が意図したとおりの振る舞いが記述できているかどうかを確認するのに役立つ．

LTSA では，choice オペレータでの分岐が無限回繰り返されるのであれば，その分岐の選択肢もすべて無限回繰り返されるという**公平性**(Fairness)の性質が成り立つものとしている．COMMERCE_SIMPLE の例では，プロセス COMMERCE1 で choice オペレータで addgood と logout に分岐している．図 11.4 の LTS を見れば明らかなようにこの分岐は状態 1 に対応しており，無限回繰り返される．このとき logout ばかりが選ばれて addgood が永久に起こらないということはない，逆に addgood ばかりが選ばれて logout が永久に起こらないということはないというのが公平性の性質であり，どの時点においても両方ともいつかは必ず選ばれる．

（3）検証例

LTSA での検証は，検証する性質を 9.4(4) で解説したような**時相論理式**で FSP 中に記述する．以下にその例を示す．

```
assert LOGIN_OUT
    = [] (login -> <>logout)
```

assert から始まる記述が検証したい式であり，この例では LOGIN_OUT と名前づけされた時相論理式を定義している．[], ->, <>は各々 □(Always), ⇒ (ならば：含意), ◇ (Eventually) である．この他に FSP の記述では，論理演算子 ¬(否定), ∧(and), ∨(or) は各々 !, &&, ||, 時相演算子 **U**(until) は U と書く．LOGIN_OUT は必ず login すればいつか logout するという意味である．FSP は対象システムの振る舞いをアクション列としてとらえているため，時間の流れはアクション列で表わされる．この時相論理式の例では，アクション名をそのまま命題記号として使用しており，直感的にはそのアクションがまさに起こった時に真となる命題記号を表していると考えてよい．例えば，assert 文中の時相論理式で login と書くと，アクション login がまさに起きたことを表している．厳密にはアク

ション名としての命題記号は，そのアクションが起こった時に真となり，それ以降で他のアクションが初めて起こるまで真であり続け，他のアクションが起こった時点で偽となるという解釈をとっている．

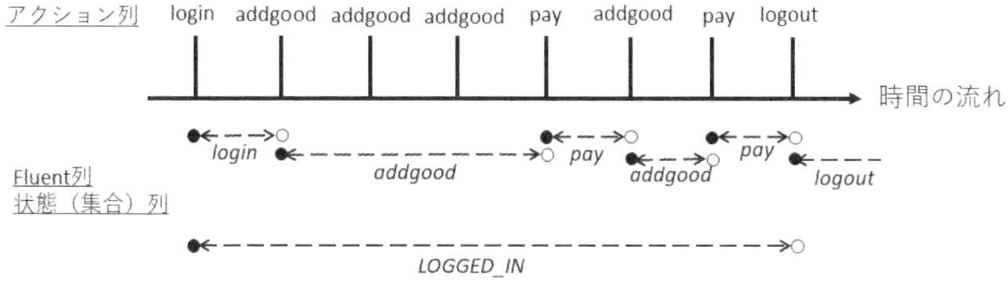

図 11.5　アクション列と fluent の関係

図 11.5 を見てみよう．COMMERCE_SIMPLE プロセスの振る舞いの一つの例で，起こったアクション列は login → addgood → addgood → addgood → pay → addgood → pay → logout である．このとき，命題記号 login は図に示すようにアクション login が起こり，次の異なるアクション addgood が起こるまで真であり，図中では点線両方向矢印で書いた時区間が各命題記号が真であることを表している．時区間は，図 11.4 で示したような LTS の状態の集合に対応づいている．例えば，上のアクション列での命題記号 login が真であるのは図 11.4 の LTS の状態 1 を表している．FSP では，**fluent** というアクション集合のペアで定義される構文要素があり，これで時区間を定義することができる．fluent は<開始アクションの集合，終了アクションの集合>で定義され，開始アクション集合中のどれかが起こってから，終了アクション集合中のどれかが初めて起こるまでの間の時区間に含まれる状態集合を規定する．時相論理の観点からすると，fluent はシステムがこれらの状態集合のどれかにいるときに真になる命題記号を表している．例えば，図 11.4 の例で

```
fluent LOGGED_IN = <login, logout>
```

と書くと，LOGGED_IN が真であるのは，login が起こってから logout が起こるまで，つまり状態 1，2 にいるときで Login している状態すべてを

指している．アクション名 a を命題記号 a としてそのまま時相論理式で使用すると，それは fluent <a, a 以外のすべてのアクション名の集合> の意味で使用していることになっている．fluent は複数の状態をまとめて 1 つの状態（抽象状態という）として扱うことができるため，検証したい様々な性質を簡潔に時相論理式で記述することができる．今までの例（図 11.4）の fluent LOGGED_IN に加えて，

```
fluent SELECTING = <addgood, pay>
fluent PAID = <pay, {addgood, logout}>
assert SHOPPING
  = [] ((SELECTING || PAID) -> LOGGED_IN)
```

という検証式 SHOPPING を追加する．この式は，「カートに商品を追加する」から「支払いを行う」まで (SELECTING) と，「支払いを行う」から再び「カートに商品を追加」し始めるもしくは「Logout する」まで (PAID) は，Login 中でなければならないことを表している．図 11.6 に前述の LOGIN_OUT と SHOPPING をチェックした結果のツール画面例を示す．Output タブのウィンドウが検証結果で，下から 2 行目に各々，No LTL Property violations detected, No deadlocks/errors と結果が表示され[9)]，どちらも成り立っていることが示されている．LOGIN_OUT が成り立っているのは，プロセス COMMERCE1 中の choice オペレータでの addgood と logout の選択において，logout が永久に選択されないことはないという公平性があることによる．

LTSA には，Safety, Liveness, デッドロックの有無など種々の性質を検証できる機能が備わっている．検証アルゴリズムやツールの使い方も含めて詳細は，章末にあげた参考文献を参考にされたい．

9）チェックの結果が同じであるにも関わらず，表示結果が異なるのはモデル検査のアルゴリズムが異なるためである．

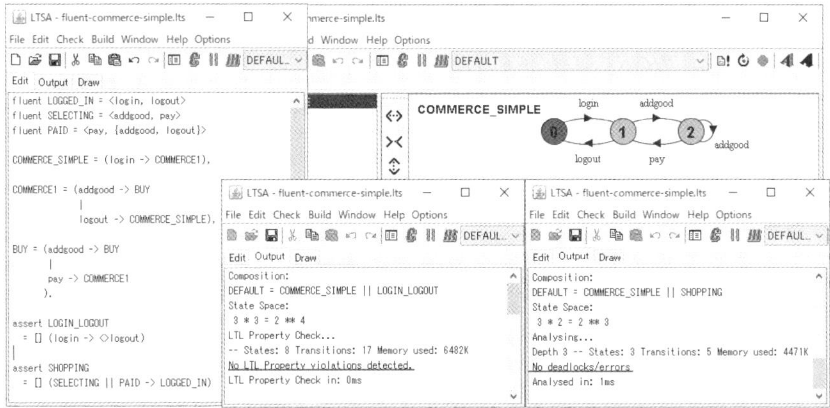

(a) LOGIN_LOGOUTの検証結果　　(b) SHOPPINGの検証結果

図 11.6　fluent を使った検証例

参考文献

(1) J. Michael Spivey. Z Notation - A Reference Manual (2nd. ed.). Prentice Hall, https://spivey.oriel.ox.ac.uk/corner/Z_Reference_Manual, 1992. Z の教科書的な本．証明義務の説明や証明例も出ている．

(2) J. Magee and J. Kramer. Concurrency : State Models and Java Programs (2nd. ed.). Wiley, 2006. https://www.doc.ic.ac.uk/~jnm/book/ FSP や LTSA の解説に加えて，Java プログラムでの実装に関する手法の説明もある．サイトから，LTSA がダウンロードできるだけでなく，この本の講義用スライドもダウンロードできる．

研究課題

1) E-Commerce の例の具体仕様 *COMMERCE_c* のオペレーションの残りの仕様 *Login_c*，*Pay_c*，*Logout_c* を書きなさい．

2) *COMMERCE*，*COMMERCE_c* の例で，第 1 節 (3) で示した 2 つの Data Reification の証明義務（(a) 具体仕様の状態の存在，(b) 抽象仕様の状態も初期状態）を 2)(a) の定義域の義務の例にならって具体的に書き出してみなさい．

3) LTSA のツールを参考文献で示したサイト[10] よりダウンロードし，*COMMERCE_SIMPLE* の例で以下を試してみなさい．

(a) 1)「pay の前には必ず addgood がなされている」と，2)「logout の前には必ず addgood がなされている」を各々主張する 2 つの検証式を記述し，成り立つかどうかを調べなさい．

(b) 以下のような検証式を書いた．

```
assert EX
  = [] !(SELECTING && PAID)
```

この式が何を表しているか，この式は成り立つかどうかを述べなさい．

10) https://www.doc.ic.ac.uk/~jnm/book/

付録:

$AddGood$, $AddGood\_c$ の正当性の証明の一例

$$g? \notin \mathrm{dom}\, cart \Rightarrow cart' = cart \oplus \{g? \mapsto 1\}$$

の証明例を以下に示す．場合分けを行っている式 $g? \notin \mathrm{dom}\, cart$ を前提に加え，$AddGood\_c$ でのこの条件に該当する式 $(\forall\, i : 1..num \bullet g? \neq goods\_name(i))$ が成り立つことをまず証明する．

$g? \notin \mathrm{dom}\, cart$　[前提]
$g? \notin \{i : 1..num \bullet goods\_name(i)\}$　[$RetrieveRelation$ より]
$\forall\, i : 1..num \bullet g? \neq goods\_name(i)$　$\cdots$ (11-1-1)
　[背理法を用いる
　$\forall\, i : 1..num \bullet g? \neq goods\_name(i)$ が成り立たない
　とすると，$\exists\, j : 1..num \bullet (g? = goods\_name(j))$ となり，
　$g? = goods\_name(a)$ $(1 \leq a \leq num)$ を満たすaを取ると，
　$g? \in \{goods\_name(a)\} \subseteq \{i : 1..num \bullet goods\_name(i)\}$
　であり，$g? \notin \{i : 1..num \bullet goods\_name(i)\}$ に矛盾する]

この結果より，$g? \notin \mathrm{dom}\, cart$ が成り立つのであれば，(11-1-1) 式も成り立つことが証明されたため，$AddGood\_c$ 中の (11-1-1) 式を条件とする式

$$\begin{aligned}&\forall\, i : 1..num \bullet g? \neq goods\_name(i)) \Rightarrow\\&\quad (num' = num + 1 \wedge\\&\quad goods\_name' = goods\_name \oplus \{num' \mapsto g?\} \wedge\\&\quad quantity' = quantity \oplus \{num' \mapsto 1\}\end{aligned}$$

の帰結部の式 $num' = num + 1$，$goods\_name' = goods\_name \oplus \{num' \mapsto g?\}$，$quantity' = quantity \oplus \{num' \mapsto 1\}$ も前提に加えて以降の証明を進めることができる．

まず，$i : 1..num$ においては，$goods\_name(i)$，$quantity(i)$ は $goods\_name'$，

$quantity'$ になっても値は変わらないことを示そう．

$$
\begin{aligned}
& goods\_name'(i) \\
& \quad = (goods\_name \oplus \{num + 1 \mapsto g?\})(i) \\
& \qquad [num' = num + 1, \\
& \qquad goods\_name' = goods\_name \oplus \{num' \mapsto g?\} \text{ より}] \\
& \quad = goods\_name(i) \qquad \cdots \ (11\text{-}1\text{-}2) \\
& \qquad [\oplus \text{ の性質，} i : 1..num \text{ より}] \\
& quantity'(i) \\
& \quad = (quantity \oplus \{num + 1 \mapsto 1\}(i) \\
& \qquad [num' = num + 1, \\
& \qquad quantity' = quantity \oplus \{num' \mapsto 1\} \text{ より}] \\
& \quad = quantity(i) \qquad \cdots \ (11\text{-}1\text{-}3) \\
& \qquad [\oplus \text{ の性質 } y \neq x \Rightarrow f \oplus \{x \mapsto a\}(y) = f(x), \\
& \qquad i \neq num + 1(i : 1..num) \text{ より}]
\end{aligned}
$$

(11-1-2)，(11-1-3) 式より

$\forall i : 1..num \bullet goods\_name'(i) = goods\_name(i)$

$\quad \wedge \ quantity'(i) = quantity(i)$

つまり，$i : 1..num$ の範囲においては，$AddGood\_c$ の結果は 2 つの変数 $goods\_name$，$quantity$ の値に変化がないことが示された．以下ではこれを使用する．

証明すべき式は $cart'(g?) = (cart \oplus \{g? \mapsto 1\})(g?)$ で等式であり，左辺と右辺とも有限関数であることから，両者の定義域が同じ，定義域内の要素を入力として与えたときの結果の値が同じことを示せば，関数として等しいことが示せる．よって，以下の 2 つを証明する．

1）　左辺 $cart'$ と右辺 $cart \oplus \{g? \mapsto 1\}$ の定義域が同じ.

$$
\begin{aligned}
&\mathrm{dom}\, cart' \\
&\quad = \{i : 1..num' \bullet goods\_name'(i)\} \\
&\qquad\qquad [RetrieveRelation' \text{ より}] \\
&\quad = \{i : 1..num \bullet goods\_name'(i)\} \\
&\qquad \cup \{good\_names'(num')\} \\
&\qquad\qquad [num' = num + 1 \text{ より}] \\
&\quad = \{i : 1..num \bullet goods\_name'(i)\} \cup \{g?\} \\
&\qquad\qquad [goods\_name' = goods\_name \oplus \{num' \mapsto g?\}, \\
&\qquad\qquad \oplus \text{ の性質 } f \oplus \{x \mapsto a\}(x) = a \text{ より}] \\
&\quad = \{i : 1..num \bullet goods\_name(i)\} \cup \{g?\} \\
&\qquad\qquad \text{(11-1-2) 式より}] \\
&\quad = \mathrm{dom}\, cart \cup \{g?\} \quad [RetrieveRelation \text{ より}] \\
&\quad = \mathrm{dom}\, (cart \oplus \{g? \mapsto 1\}) \\
&\qquad\qquad [\mathrm{dom}(f \oplus g) = \mathrm{dom}\, f \cup \mathrm{dom}\, g, \\
&\qquad\qquad \mathrm{dom}\{g? \mapsto 1\} = \{g?\} \text{ より}]
\end{aligned}
$$

2）　任意の入力に対し左辺と右辺が同じ値になる．すなわち, $\forall\, x \in \mathrm{dom}\, cart' \bullet cart'(x) = cart \oplus \{g? \mapsto 1\}(x)$ を示す.
$RetrieveRelation'$ より，$\mathrm{dom}\, cart' = \{1..num' \bullet goods\_name'(i)\}$ であるため,
$\forall\, i : 1..num' \bullet cart'(goods\_name'(i)) = cart \oplus \{g? \mapsto 1\}(good\_name'(i))$
を証明すればよい．case 1) $i : 1..num$ と，case 2) $i = num' (= num + 1)$ の 2 つの場合に分けて証明する.

case 1) $i : 1..num\ (1 \leq i \leq num)$ のとき

$$
\begin{aligned}
& cart'(goods\_name'(i)) \\
& \quad = quantity'(i) \quad [RetrieveRelation' \text{ より}] \\
& \quad = quantity(i) \quad [(11\text{-}1\text{-}3) \text{ より}] \\
& \quad = cart(goods\_name(i)) \quad [RetrieveRelation \text{ より}] \\
& \quad = cart \oplus \{g? \mapsto 1\}(goods\_name(i)) \\
& \qquad [(11\text{-}1\text{-}1) \text{ より } g? \neq goods\_name(i),\ \oplus \text{ の性質より}] \\
& \quad = cart \oplus \{g? \mapsto 1\}(goods\_name'(i)) \quad [(11\text{-}1\text{-}2) \text{ より}]
\end{aligned}
$$

case 2) $i = num' (= num + 1)$ のとき

$$
\begin{aligned}
& cart'(goods\_name'(num')) \\
& \quad = cart'((goods\_name \oplus \{num' \mapsto g?\}(num')) \\
& \qquad [goods\_name' = goods\_name \oplus \{num' \mapsto g?\}, \\
& \qquad\qquad \oplus \text{ の性質より}] \\
& \quad = cart'(g?) \qquad (11\text{-}1\text{-}4)
\end{aligned}
$$

一方，

$$
\begin{aligned}
& cart'(goods\_name'(num')) \\
& \quad = quantity'(num') \quad [RetrieveRelation' \text{ より}] \\
& \quad = quantity \oplus \{num' \mapsto 1\}(num') \\
& \qquad [quantity' = quantity \oplus \{num' \mapsto 1\} \text{ より}] \\
& \quad = 1 \quad [\oplus \text{ の性質の性質より}] \\
& \quad = (cart \oplus \{g? \mapsto 1\})(g?) \qquad \cdots\ (11\text{-}1\text{-}5) \\
& \qquad\qquad [\oplus \text{ の性質より}]
\end{aligned}
$$

(11-1-4)，(11-1-5) より

$$cart'(g?) = (cart \oplus \{g? \mapsto 1\})(g?) = cart'(goods\_name'(num'))$$

以上により，$g? \notin \mathrm{dom}\ cart$ のとき $cart' = cart \oplus \{g? \mapsto 1\}$ が証明された．

付録の演習問題：$AddGood\_c$ のオペレーションの正当性の証明の残った部分，つまり $g? \in \mathrm{dom}\, cart$ の場合について証明してみなさい．

ヒント：$g? \in \mathrm{dom}\, cart$ のとき $\exists i : 1..num \bullet g? = goods\_name(i)$ が成り立つことを証明し，$AddGood\_c$ の結果を表す式で前提として使用できる式を考える．i が $g? = goods\_name(i)$ の場合と $g? \neq goods\_name(i)$ の場合に分けて考えるとよい．

12 ユーザインタフェース要求

白銀純子

ソフトウェアはユーザからの入力を受け取り，内部で様々な処理をして，その結果をユーザに出力する．そのとき，ユーザとソフトウェアの内部処理との仲介を行うのがユーザインタフェース (User Interface，UI) である．本章では UI について，その種類や関連する品質，設計の原則について解説する．また本章では，これらに言及するのみであるが，UI のプロトタイプを作ることにより，UI に関連する要求を抽出できる．プロトタイプについては第 13 章で解説する．

1. ユーザインタフェース

(1) CUI

コンピュータが利用され始めた当初の UI は，Character User Interface (CUI) である[1)]．CUI は，ソフトウェアに対する命令を文字により行う．この命令のことを「コマンド」と呼ぶ．コマンドは，最初に「コマンド名」と呼ばれる，何を行うかを表す文字列を入力し，その後に「引数」と呼ばれる，コマンド名に対して与えるデータ等を指定する．コマンド名が，利用するソフトウェアの名前に対応すると考えて差支えない．

現在のコンピュータであれば，例えば Microsoft Windows において，「PowerShell」というソフトウェアで CUI の環境を利用することができる．図 12.1 は，ファイル名を変更する例である．コマンドは以下のように入力されている．

```
ren Test.txt Sample.txt
```

1) Command Line Interface (CLI) などの呼び方も存在する．

このコマンドでは,「Test.txt」という名前のファイルの名前を「Sample.txt」という名前に変更している. コマンド名が「ren」であり, その後に引数を 2 つ指定している. 1 つ目の引数が「Test.txt」で, 変更前のファイル名である. 2 つ目の引数が「Sample.txt」で, 変更後のファイル名である. そしてこのコマンドの後,「dir」というコマンドにより, このフォルダ内のファイルやフォルダの一覧を表示させ, ファイル名の変更が正常に行われたことを確認している.

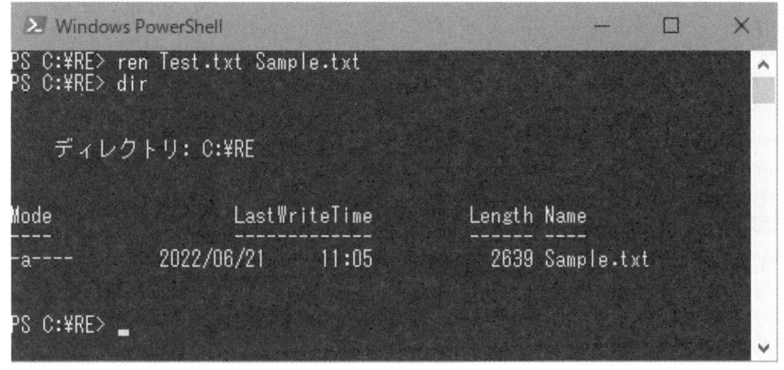

図 12.1　CUI によるファイル名の変更の例

CUI は, 現在では一般のユーザが目にすることは少ないが, ネットワーク機器の操作など, コンピュータの技術者などが操作する機器で利用されている.

（2）GUI

CUI は文字でコマンドを入力するため, コマンド名やコマンドの書式 (1 節 (1) のファイル名変更の例であれば, 1 つ目の引数に変更前のファイル名, 2 つ目の引数に変更後の引数を指定する, という書式) を知らなければ, 利用することができない.

この問題点を解決することができるのが Graphical User Interface (GUI) である. GUI は現在のソフトウェアで幅広く使われている UI であり, ボタンや入力フィールドなどの, 入力・出力のための部品を利用して視覚的に操作ができる. コマンド名やその書式を覚えたり調べたりする必要がないため，CUIよりも直感的に操作しやすい．図12.2は，GUIにおけるウィンドウの例である．

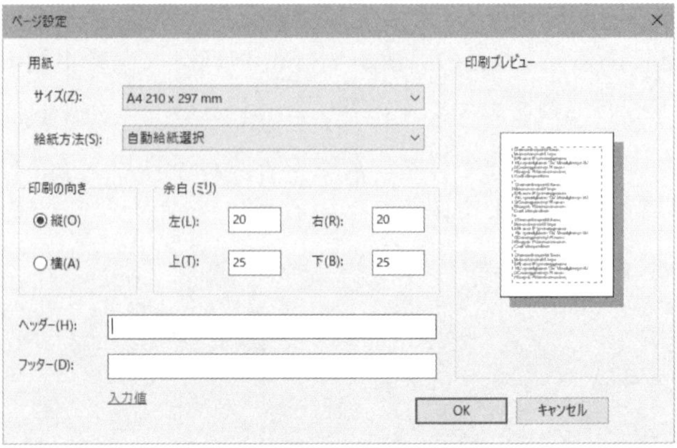

図 12.2　GUI のウィンドウの例 (Microsoft Windows のメモ帳の設定ウィンドウ)

GUIでは，ボタンや入力フィールドをウィンドウ内に配置している．これにより，必要な処理をコンピュータに実行させるために，ユーザが何を入力すれば良いかを視覚的に表示するだけでなく，メタファにより，操作の対象物が視覚的にわかりやすく表現されている．メタファとは「比喩」や「隠喩」という意味であり，現実世界のものをソフトウェアにおいて疑似的に表現したものである．このメタファを，小さな絵や記号で表したものがアイコンである．

メタファの最も典型的な例がデスクトップである．これは，現実世界のデスク (机) をコンピュータ内で疑似的に表現したものである．デスクトップ上にはごみ箱やファイルなどのアイコンが配置されているが，ごみ箱のアイコンは，現実世界で実際にごみを捨てるごみ箱を模している．

図 12.3　ごみ箱のアイコン

（3）VUI

近年，NUI (Natural User Interface) という，人間の日常的な動作でソフトウェアを操作する UI が注目されている．NUI は CUI や GUI などの特定の形ではなく，様々な形の UI を複合する UI の形である．

PC などの GUI は，キーボードやマウスなど，操作のためのデバイスを必要とするため，日常的な動作での操作とは言えない．スマートフォンなどの GUI は指でタッチをして操作するため，日常的な動作による操作とみなすことができ，NUI の一種と考えられている．NUI の中では現在，Voice User Interface (音声ユーザインタフェース，VUI) が広く一般に普及してきている．

VUI はユーザが音声でソフトウェアに入力し，ソフトウェアが音声でユーザに出力する．入力のみ，または出力のみでも VUI と呼ぶことがある．VUI の仕組みは，音声によるユーザの入力をソフトウェア内部で文字に変換し (音声認識)，その文字を解析して意味を解釈し (自然言語処理)，ソフトウェアとしての必要な処理を行う．その処理結果を音声にして (音声合成) 出力する．VUI 自体は新しい UI ではないが，近年，特に音声認識技術が飛躍的に進歩したことにより，一般向けの実用的な製品が提供されるようになり，普及してきている．ユーザとの対話が自然な形でできるようになってきており，NUI の一種と考えることができる．Apple 社の Siri，Google 社の Google アシスタント，Microsoft 社の Cortana，Amazon 社の Alexa などが具体的な VUI のソフトウェアやデバイスである．

2. UX

UI に関しては，長らく使いやすさ (ユーザビリティ) という側面が重視され，ユーザビリティを高めるための様々な方法論も提案されてきた．ユーザビリティは，ISO 9241-11 (JIS Z 8521:2020) によると，「特定のユーザが特定の利用状況において，システム，製品又はサービスを利用する際に，効果，効率及び満足を伴って特定の目標を達成する度合い」と定義され[2) 3)]，主として利用時のソフトウェアの品質として定義される．これに対して近年では，利用時に限らず利用前後を含めて，ユーザの主観として得られる体験を扱うユーザエクスペリエンス (User Experience, UX) が着目されている[4)]．「ユーザ体験」とも呼ばれる．

（1）UX の様々な定義

UX に関しては現状，確固たる定義が存在するわけではなく，様々な定義がなされている．ここでは，その代表的なものを紹介する．これらの定義に共通することは，UX は，ユーザの感情を満足させるという，ソフトウェアの実用面で得られる以上の主観的な体験を意味するということである．

ISO 9241-210 (JIS Z 8530:2021) による定義[5) 6)]

ISO 9241-210 (JIS Z 8530:2021) は，ブランドイメージや機能・性能などのソフトウェアの様々な側面と，経験やスキルなどのユーザの様々な側面の双方が UX に影響を及ぼすとしている．その上で，ソフトウェアの使用の前・中・後において，ユーザが感じたことや起こした反応が UX であると定義している．

2）ISO 9241-11:2018(en) Ergonomics of human-system interaction - Part 11: Usability: Definitions and concepts, 2018.

3）JIS Z 8521:2020 人間工学—人とシステムとのインタラクション—ユーザビリティの定義及び概念, 2020.

4）安藤昌也: UX デザインの教科書, 丸善出版, 2016.

5）ISO 9241-210:2019 Ergonomics of human-system interaction - Part 210: Human-centred design for interactive systems, 2019.

6）JIS Z 8530:2021 人間工学—人とシステムとのインタラクション—インタラクティブシステムの人間中心設計, 2021.

Nielsen Norman Group による定義[7)]

Nielsen Norman Group によると，典型的な UX に必要な条件は以下の 2 点である．マーケティングやインタフェースデザインなどのあらゆる取り組みを統合させることにより，顧客が望んだり，チェックリストでチェックできる以上のことを提供することにより，真の UX が実現されると述べている．

1) いらいらや困惑をさせることなく，顧客のニーズを正確に満たすこと
2) 所有したり利用する喜びが感じられる製品を作る簡潔さと手際よさ

UXPA(User Experience Professionals Association) による定義[8)]

UXPA は UX を，「ユーザの全体的な知覚を形作る製品やサービス，企業とユーザとのインタラクションのあらゆる側面」と定義し，「UX デザインは，レイアウトやビジュアルデザイン，テキスト，ブランド，サウンド，インタラクションなどの，インタフェースを形作るすべての要素に関係する.」と述べている．UX にはソフトウェアの実用的な側面だけではなく，ユーザがソフトウェアに対して感じる感情的な側面も含まれ，主観的なものであるとしている．

Hassenzahl と Tractinsky による定義[9)]

Hassenzahl と Tractinsky は UX を，インタラクションが発生する状況や環境での，ユーザの内面的な状態とソフトウェアの特性との関係から生じる結果であると定義している．UX は主観的で，ソフトウェアの実用的なニーズを超えるものであるとしている．従来のユーザビリティの

---

7) Norman, D. and Nielsen, J.: The Definition of User Experience (UX), NN/G Nielsen Norman Group (Online), available from ⟨https://www.nngroup.com/articles/definition-user-experience/⟩ (accessed 2022-12-17).

8) Definitions of User Experience and Usability, User Experience Professionals Association International (Online), available from ⟨https://uxpa.org/definitions-of-user-experience-and-usability/⟩ (accessed 2022-12-17).

9) Hassenzahl, M. and Tractinsky, N.: User experience - a research agenda, *Behaviour & Information Technology*, Vol. 25, No. 2, pp. 91-97, 2006.

考え方は，使用上の問題をなくす，というものであったが，問題がないことと高品質であるということは同等の意味とは限らず，UX にも同様のことが言える，と述べている．

(2) ガイドライン

より良い UX は必ずしも UI だけにより提供されるものではないが，UI が直接ユーザと接する接点である以上，UI が UX に対して果たす役割は大きい．そのため，UI のデザインに対しては様々なガイドラインが提供されている．ここでは，それらの中でも ISO 9241-110 (JIS Z 8520:2022) について紹介する．これは，ユーザとシステムとのインタラクションのための以下の 7 つの原則を規定している[10) 11)]．

ユーザが行うタスクへの適合性

ユーザに対して，タスクを進めるために必要な情報を提供し，必要最小限の手順でタスクを進めることができるようにする．必要に応じて，既定の入力値を設定することにより，タスクの進行を容易にする．そしてタスクを完了した結果が，ユーザの意図に沿ったものであることを確認できるよう十分な情報を提供するなど，ユーザによるタスクの遂行を支援する．

インタラクティブシステムの自己記述性

ユーザがマニュアル等の補助的な情報を見ることなく，次の手順へ進んだり，操作可能な箇所を見つけたり，提示された情報を理解できる．また，現在の進行の度合いや状況の変化についての情報をユーザに提供するなど，ユーザが操作方法を理解しやすいようにする．

---

10) ISO 9241-110:2020(en) Ergonomics of human-system interaction - Part 110: Interaction principles, 2020.

11) JIS JIS Z 8520:2022 人間工学—人とシステムとのインタラクション—インタラクションの原則, 2022.

ユーザが抱く期待への一致

ユーザにとって理解しやすいタスクの手順を構築し，多様なユーザや利用状況に対応させたり，操作や進行状況に応じたフィードバックを提供する．そしてユーザにおける様々な慣習に従って操作方法を構築しシステムの動作に一貫性を持たせるなど，ユーザがシステムの動作を予測できるようにする．

ユーザによる学習性

マニュアルなどの外部の情報の参照を最小限に抑えた上で，ユーザが必要な機能や情報，操作方法を見つけられるように支援し，機能の試用や機能への多様なアクセス手段を提供する．またユーザが操作を学習したりスキルを向上させたりするために効果的な情報を提供するなど，ユーザのシステムへの習熟を支援する．

ユーザによる制御可能性

ユーザによるタスクの中断や再開を可能にし，タスクの実行順序や操作方法を選んだり，進行のペースをユーザに合わせたり，操作の取り消しができるようにする．また，規定値や設定の変更を柔軟にできるようにしたり，ユーザの特性や状況などに応じて UI の設定や選択ができるようにするなど，ユーザの意思でシステムを制御できるようにする．

ユースエラーへの耐性

ユーザによる手動の入力を必要最小限にし，重大な結果をもたらす可能性がある操作にはユーザに確認を求め，エラーが起こってもユーザの作業内容を保持できるようにする．入力エラーを検出し，ユーザがその訂正のタイミングを選ぶことができるようにする．また，ユーザにとってわかりやすいエラーメッセージを提供するなど，エラーへの対処を支援する．

ユーザエンゲージメント

ユーザに対して，未解決の問題の有無や解決の状況を伝え，ユーザを尊重し，好ましい印象や信頼感を与えるようにする．そしてユーザの潜在的なニーズにも対応する．また，ユーザの互助的な機能や情報を提供したり，ユーザによるシステムの改善の提案やそのフィードバックが可能な仕組みを提供するなど，ユーザがシステムと継続的に関わっていく環境を提供する．

（3）HCD プロセス

より良い UX のソフトウェアを提供するために，ISO 9241-210 (JIS Z 8530:2021) により，人間中心設計 (Human-Centered Design, HCD) という方法論が規定されている．この HCD では，以下の 6 つの原則を規定している[12) 13)]．

a) ユーザ，タスク及び環境の明確な理解に基づいて設計する
b) ユーザは設計及び開発の全体を通して関与する
c) ユーザの視点からの評価に基づいて設計を方向づけ，改良する
d) プロセスを繰り返す
e) UX を考慮して設計する
f) 様々な専門分野の技能及び視点をもつ人々を設計チームに加える

HCD のプロセスを図 12.4[12) 13)] に示す．プロセス内の各ステップの内容は下記の通りである．

利用状況の理解及び明示

ユーザは，様々な状況に基づいてソフトウェアを利用し，その結果，ユーザが感じるものが UX である．つまり同じソフトウェアでも，状況が変われば，ユーザが感じる UX は異なる．従ってユーザによりよい UX を提供するためには，そのユーザの状況を勘案してソフトウェアを構築

12） ISO 9241-210:2019 Ergonomics of human-system interaction - Part 210: Human-centred design for interactive systems, 2019.

13） JIS Z 8530:2021 人間工学—人とシステムとのインタラクション—インタラクティブシステムの人間中心設計, 2021.

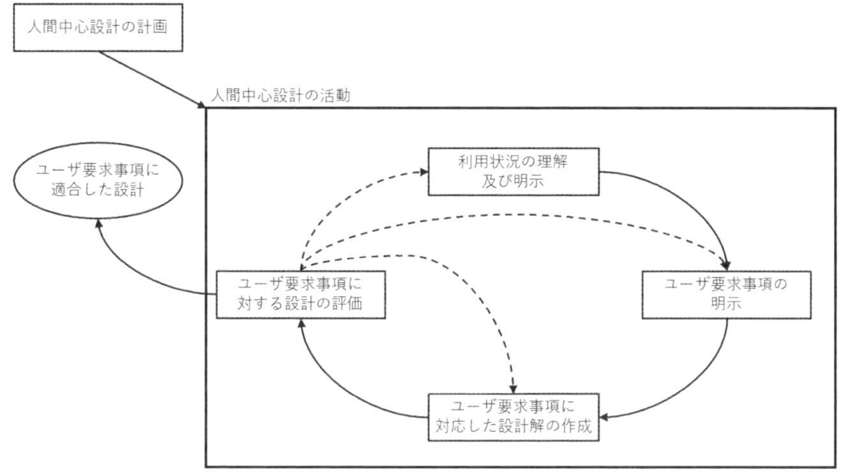

図 12.4　HCD プロセス

する必要がある．このユーザの状況は「利用状況 (Context of use)」と呼ばれる．ISO 9241-210 (JIS Z 8530:2021) によると，「ユーザ，目標及びタスク，資源並びに環境の組合せ」[14) 15)] と定義される．さらに「利用状況の "環境" は，技術的，物理的，社会的，文化的及び組織的環境を含む．」という注釈がついている．

ユーザがソフトウェアを利用する際，ユーザ自身の特性や目標，作業内容，ハードウェア・ソフトウェアといった技術的な環境，作業における規則や慣例，組織の構造，作業場の温度や明るさ，騒音の程度など，多種多様な要素が UX に影響する．「ユーザ自身の特性」と言っても，年齢や性別，知識やスキル，経験，作業へのモチベーションなど，こちらも多種多様な要素が考えられ，さらにそれはユーザ 1 人 1 人によって異なる．これらを調査し，その調査結果をもとにペルソナやペルソナのユーザストーリーを作成し，ソフトウェアに対する要求を抽出する．ペルソナやユーザストーリーについては第 3 章で詳しく説明している．

14） ISO 9241-210:2019 Ergonomics of human-system interaction - Part 210: Human-centred design for interactive systems, 2019.

15） JIS Z 8530:2021 人間工学—人とシステムとのインタラクション—インタラクティブシステムの人間中心設計, 2021.

ユーザ要求事項の明示

利用状況や，ユーザや他のステークホルダから抽出される要求，UIや関連する規格に基づいた要求，ユーザビリティに関する要求などを要求仕様書に記述する．異なる要求の間にトレードオフが生じた場合，解決をし，そのトレードオフの状況について記述しておく．また，記述した文書の品質管理(検証可能な記述，ステークホルダによる妥当性確認，記述の一貫性保持，必要に応じた更新)も行う．

ユーザ要求事項に対応した設計解の作成

ユーザの要求事項に基づいて，タスクや，ユーザとソフトウェアとのインタラクション，UIを設計する．(2)で説明した，下記の設計の原則(ISO 9241-110 (JIS Z 8520:2022))に従うことが望ましい[16)][17)]．

a) ユーザが行うタスクへの適合性
b) インタラクティブシステムの自己記述性(インタラクティブシステムの能力及び利用方法をユーザが理解しやすいように，ユーザの状況に応じて，インタラクティブシステムが適切な情報を提供すること)
c) ユーザが抱く期待への一致
d) ユーザによる学習性
e) ユーザによる制御可能性
f) ユーザエラーへの耐性
g) ユーザエンゲージメント(インタラクティブシステムがユーザとシステムとのインタラクションの継続を促し，動機づけるような機能及び情報を提供すること)

そして利用のシナリオを作成したりプロトタイプなどを通じて，ユーザの視点からフィードバックを得る(ユーザ要求事項に対する設計の評価)ことにより，設計を洗練していく．またUIの設計に関しては，人間

---

16) ISO 9241-110:2020(en) Ergonomics of human-system interaction - Part 110: Interaction principles, 2020.

17) JIS JIS Z 8520:2022 人間工学—人とシステムとのインタラクション—インタラクションの原則, 2022.

工学における知見や規格，ガイドラインを利用して行うことが望ましい．

ユーザ要求事項に対する設計の評価

設計した内容についての評価を行う．評価は，ユーザが参加して行う方法と参加しない方法がある．ユーザが参加する評価 (ユーザ参加型テスト) については，実際の利用状況と照らし合わせたり，プロトタイプを用いて実際にタスクを実行するなどの方法が存在する．ユーザが参加しない評価 (インスペクション評価) については，専門家が行うことが望ましい．チェックリストやユーザ要求の一覧，様々な経験則，規格などを用いて行う．

必要に応じてこの「ユーザ要求事項に対する設計の評価」のステップから，他のステップに戻ってプロセスを繰り返す．

3. CX

UX に類似する概念として，カスタマーエクスペリエンス (Customer Experience, CX) も注目されている．「顧客体験」とも呼ばれる．UX が製品を利用するユーザを対象とする概念であることに対し，CX は顧客を対象とする概念である．顧客は，必ずしもユーザとは限らない．例えば主に一般の社員が使う業務システムについて，企業の経営陣が開発の発注をし，契約を結び，開発費の支払いを決定したとする．業務システムを実際に利用するユーザは一般の社員である．この場合，経営陣は顧客に含まれるが，業務システムのユーザではない．つまり CX は，この例の経営陣のようなステークホルダも対象にした概念である．

(1) 感情的な価値

田中は CX を，「商品やサービスを購入する過程，利用する過程，その後のサポートの過程における経験的な価値 (心理的・感情的な価値)」と定義している[18)]．「心理的・感情的な価値」とは，Schmitt により以下

18) 田中達雄: CX 戦略, 東洋経済新報社, 2018.

の5つに分類されている[19)]．

感覚的経験価値 (Sense)

視覚，聴覚，触覚，味覚，嗅覚の五感から得られる価値

情緒的経験価値 (Feel)

内面的に感じる感情や気分から得られる価値

認知的経験価値 (Think)

知的好奇心から得られる価値

肉体的経験価値，行動，ライフスタイル (Act)

これまでとは異なる行動やライフスタイルから得られる価値

社会的アイデンティティ経験価値 (Relate)

社会や文化に所属しているという感覚から得られる価値

一方，Flemingらは，企業の製品やサービスに対する満足度の調査で，「非常に満足」(最も高い満足度) と回答した顧客の「満足」の意味合いが，2つに分類できるという調査結果を発表している[20)]．機能や性能，価格などの面の「合理的な満足」と「感情的な満足」である．そして合理的に満足している顧客よりも，感情的に満足している顧客の方が，企業に対してはるかに多くの利益をもたらすと述べている．逆に合理的に満足している顧客の行動は，満足していない顧客の行動と大差がないと結論づけている．この調査からも，製品やサービスの継続的な利用やリピートを顧客に促すには，合理的な満足はもちろんであるが，感情的な満足も感じてもらうことが重要であることが分かる．

(2) カスタマージャーニーマップ

CXを向上させるためには，顧客が製品やサービスに対してどのように関わってどのような体験をし，どのように感じるか，ということを把握す

19) Schmitt, B. H.: *Customer Experience Management: A Revolutionary Approach to Connecting with Your Customers* , Wiley, 2003. 嶋村知恵, 広瀬盛一 (訳): 経験価値マネジメント, ダイヤモンド社, 2004.

20) Fleming, J. H., Coffman, C. and Harter, J: Manage Your Human Sigma, Harvard Business School Publishing (Online), available from ⟨https://hbr.org/2005/07/manage-your-human-sigma⟩ (accessed 2022-12-17).

	認知	比較・検討	登録	申し込み・参加	リピート
行動	• ツアー会社の検索 • 友人との会話	• ツアーの内容を確認 • サイトの利便性の確認 • 他のサイトと比較	情報を入力して ユーザ登録	• 気に入ったツアーの申し込み • ツアーに参加	• ツアー会社のSNSをフォロー • ツアー参加の報告
接点	• SNS広告 • 口コミ • 友人紹介	ツアーWebサイト	ツアーWebサイト	• ツアーWebサイト • ツアー場所	• SNS • LINE
思考・感情	• きれいな写真が多い! • ツアーのバリエーションがたくさんある!	• 行きたい場所のツアーはある? • サイトは使いやすい? • 他にいいツアー会社はない?	• 入力する情報が多くて面倒 • 個人情報の漏洩対策は大丈夫?	• いいツアーがあって良かった! • 楽しい!	• また行きたい! • おすすめのツアーをチェックしよう! • 友達にも勧めよう!
対策	• 写真をたくさん掲載する • インフルエンサーに紹介してもらえるようにする • ツアーの詳細な情報を掲載する	• 様々な検索条件でツアーを検索できるようにする • Webサイトのユーザビリティ評価を十分に行う • 競合他社のリサーチをする	• SNSやショッピングサイトとアカウントの連携をする • 漏洩対策について十分な説明を掲載する		• 顧客の好みに合わせたツアーの紹介をする • SNSやLINEで共有できる情報を提供する

図 12.5　カスタマージャーニーマップの例

ることが重要である．それを時間軸で表現する手法をカスタマージャーニーマップ[21)]と呼ぶ．カスタマージャーニーマップは，UX の向上においても利用される手法であるが，CX においては特に重要視されている．カスタマージャーニーマップは，「ジャーニー」と呼ぶ通り，製品やサービスに対する顧客の旅，という意味を持っている．顧客と製品・サービスとの関わりにおける行動や思考・感情を，顧客視点で時系列で描き出したものである．

カスタマージャーニーマップは，「顧客視点」として，顧客を調査して作成されたペルソナの視点で記述する．記述の際には，まずペルソナの，製品・サービスに対するスタートとゴールを設定する．スタートは，ペルソナが商品・サービスの利用前の状態，ゴールは，製品・サービスに対してペルソナが目指すべき状態である．次にそのスタートからゴールまでのペルソナの行動を洗い出し，その行動をいくつかの段階に分割する．スタートから始まり，比較・検討，購入・利用，ゴール，という段階を基本として，調査や試用などの段階が含まれることも多い．そして各段階において，ペルソナがその商品・サービスとどのような接点を持つか，どのような考えや感情を持つかを記入する．感情については，ポジティブかネガティブを分かりやすくするために，図的に表現することも多い．さらに，ペルソナがネガティブな感情の段階では、ポジティブな感情になってもらうための対応策、ポジティブな感情の段階では、よりポジティブな感情になってもらうための対策も記入する．カスタマージャーニーマップの記法に関しては標準的なものは存在しない．多くの場合表形式で，1 列 1 列に各段階のペルソナの行動や思考・感情，対応策を記述し，各段階の時系列を行で表現する形式のものが多い．

図 12.5 は，旅行のツアーのオンライン申し込みサイトについてのカスタマージャーニーマップの例である．20 代の旅行好きな大学生が，夏休みの旅行としてツアーを検討し，ツアー会社を探してツアーを申し込み，ツアーの参加後までを表したものである．

21） 加藤希尊: はじめてのカスタマージャーニーマップワークショップ, 翔泳社, 2018.

4. ユニバーサルデザイン

ユニバーサルデザインも，UI のデザインにおいて考慮すべき事項である．ユニバーサルデザインは，誰もが気持ちよく使えるようにあらかじめ計画してものを作ることを表す．それは，障害の有無・年齢・性別・言語などに関係なく誰もが平等に公平に利用可能にすることを意味する．

ユニバーサルデザインを実現するために，以下の 7 つの原則が提唱されている[22)]．

1) 誰でも公平に利用できること (Equitable Use)
2) 使う上で柔軟性が高いこと (Flexibility in Use)
3) 使い方が簡単で直感的に利用できること (Simple and Intuitive Use)
4) 必要な情報がすぐ知覚できること (Perceptible Information)
5) うっかりミスが危険につながらないこと (Tolerance for Error)
6) 少ない労力で使えること (Low Physical Effort)
7) 利用のための適切なサイズとスペースを確保すること (Size and Space for Approach and Use)

誰でも公平に利用できること

2 節(3)でも同様のことを述べたが，様々な能力を持つユーザが存在する．そういった能力の異なる様々なユーザが利用できるようにすることを意味する．できるだけ同じ方法で利用できるようにすることが望ましい．同じ方法で利用できない場合は，別の利用方法を提供する．

使う上で柔軟性が高いこと

ユーザの個々の好みや能力に対応することを意味する．右手でも左手でも利用できるようにしたり，ユーザのペースで利用できるようにするなど，様々な利用のしかたを許容する．

---

22) Connell B. R., Jones, M., Mace, R., Mueller, J., Mullick, A., Ostroff, E., Sanford, J. Steinfeld, E., Story, M., and Vanderheiden, G.: THE PRINCIPLES OF UNIVERSAL DESIGN, N.C. State University, The Center for Universal Design, 1997.

使い方が簡単で直感的に利用できること

ユーザの経験や知識，語学力などに関係なく，簡単に理解できるようにすることを意味する．不必要な複雑さをなくし，直感的に利用できるように一貫性を持たせ，利用者のリテラシーや語学力に対応するなど，ユーザが利用しやすいようにする．

必要な情報がすぐ知覚できること

ユーザの周囲の状況や感覚能力に関係なく，必要な情報をユーザが得られるようにすることを意味する．視覚や聴覚，触覚などの複数の感覚で知覚できるようにしたり，重要な情報を強調・読みやすくするなど，情報が確実にユーザに伝わるようにする．

うっかりミスが危険につながらないこと

ミスや不具合によって危険や取り返しのつかない事態になることを防ぐことを意味する．よく使われるものにはアクセスしやすく，危険なものはアクセスできなくしたり，隠すなどし，危険なことやエラーについては警告するなど，危険を最小限に抑えるようにする．

少ない労力で使えること

効率的に快適に，そして疲労を最小限に抑えて利用できることを意味する．自然な体勢で余計な力をかけずに利用でき，繰り返す動作を最小限にするなど，身体的な負担を軽減する．

利用のための適切なサイズとスペースを確保すること

ユーザの体格や姿勢，移動能力に関わらず，利用のための適切なサイズとスペースを提供することを意味する．ユーザが座っていても立っていても重要なものを見たり手が届いたりできるようにしたり，手の大きさに関わらず利用できるようにするなど，快適な利用ができるようにする．

5. まとめ

本章では，UI の種類として CUI，GUI，VUI を取り上げたが，これ以外にもカメラやセンサなどにより，手や体の動作を検知して入力とするジェスチャー入力や，目の動きを読み取って入力とするアイトラッキングなど，様々な形の UI が研究・実用化されてきている．これらは，1 節 (3) でも触れた NUI の一種と言える．従来は UI と言えば CUI や GUI が主流であったが，UX や CX の観点から考えると，HCD プロセスに従ってユーザの利用状況を分析し，多種多様な UI を適材適所で用いていくことが重要になる．

一方，例えば耳の聞こえないユーザは VUI の音声出力を利用できないなど，ユーザによっては特定の UI を利用できない場合もある．そのような場合には，やはり HCD プロセスに従ってユーザの利用状況を分析することも重要であるし，さらにユニバーサルデザインの考え方を取り入れて UI をデザインすることも必要である．今後の UI の設計は，多様な UI を多様なユーザに合わせて用いていくことが求められる．

参考文献

(1) 安藤昌也: UX デザインの教科書, 丸善出版, 2016.

(2) Schmitt, B. H.: *Customer Experience Management: A Revolutionary Approach to Connecting with Your Customers* , Wiley, 2003. 嶋村知恵, 広瀬盛一 (訳): 経験価値マネジメント, ダイヤモンド社, 2004.

(3) ISO 9241-210:2019 Ergonomics of human-system interaction ? Part 210: Human-centred design for interactive systems, 2019.

(4) Connell B. R., Jones, M., Mace, R., Mueller, J., Mullick, A., Ostroff, E., Sanford, J. Steinfeld, E., Story, M., and Vanderheiden, G.: THE PRINCIPLES OF UNIVERSAL DESIGN, N.C. State University, The Center for Universal Design, 1997.

研究課題

1) 実用化されているジェスチャー入力としてどのようなものがあるかを調べなさい.
2) ユニバーサルデザインの製品にはどのようなものがあるか，その製品のどのような点がユニバーサルデザインになっているかを調べなさい.

13 ユーザインタフェース設計と要求の妥当性確認

白銀純子

定義された要求が妥当であるか，つまりユーザの意図に沿ったものになっているかを確認 (評価) する必要がある．その方法はユーザ自身による要求仕様書の確認など，様々な手法が存在するが，ここではプロトタイプを用いて確認する手法を取り上げる．ユーザインタフェース (User Interface, UI) を備えたプロトタイプ (UI プロトタイプ) を作成し，ソフトウェアのユーザが参加して，プロトタイプによるシミュレーションやプロトタイプの操作を通じて評価を行う場合が多い．また，プロトタイプを作ることにより UI の評価も可能であるが，同時に色使いや文字の大きさ，配置，操作の流れ，エラーの防止方法など，運用操作性や使用性，エラー防止性などの UI に関連する要求を抽出することもできる．

プロトタイプと言っても様々なものが存在し，大きく分けてプロトタイプは低忠実度 (Low fidelity) と高忠実度 (High fidelity) の 2 種類に分類できる[1)]．

1. 忠実度の観点

「忠実度」とは，どの程度，実際のソフトウェアのユーザインターフェースに近いかを表す．忠実度にはいくつかの観点が存在する．従って，他者とコミュニケーションをとる際には，どの観点の忠実度を想定しているのかをはっきりさせておくことが重要である．プロトタイプの忠実度の観点としては，幅，深さ，見栄え，インタラクションの 4 つが存在する[2)]．

1) 文献によっては，低忠実度・中忠実度・高忠実度の 3 種類に分類して，説明している場合もある

2) Snyder, C.: Paper Prototyping: *The Fast and Easy Way to Design and Refine User Interfaces* , Morgan Kaufmann, 2003. 黒須正明 (監訳): ペーパープロトタイピング 最適なユーザインタフェースを効率よくデザインする, オーム社, 2004.

それぞれの意味は次のページの通りである.

幅

ソフトウェアが持つ機能のうち，どの程度がプロトタイプで使用できるかを表す.

深さ

プロトタイプで使用できる機能のうち，どの程度が実用的に動作するか表す．例えば，入力に応じて実際と同様の動作をするか，入力内容に関わらず一定の動作しかしないか，ということを意味する.

見栄え

ソフトウェアの画面の構成や構成要素の種類，大きさ，色使い，フォントなどの見た目が，どの程度，実際のソフトウェアを忠実に表現しているかを表す.

インタラクション

キーボードやマウスの使用や指によるタップなどの入出力の方法について，実際の操作方法をどの程度使用できるかを表す.

どの観点について低忠実度と高忠実度のどちらの忠実度でプロトタイプを作成するかは，プロトタイプを使用する目的に応じて決定する．例えば，操作フローの妥当性について確認するのであれば，少なくともプロトタイプの深さについては高忠実度である必要がある.

2. 低忠実度のプロトタイプ

1 節で述べた通り，忠実度には 4 つの観点が存在する．ただし，一般的に「低忠実度」や「高忠実度」という場合には，主に見栄えやインタラクションの観点を指す場合が多い．Rudd らは，「低忠実度のプロトタイプは一般的に，機能やインタラクションが制限されている．ソフトウェアとユーザとのインタラクションをモデル化するのではなく，概念や設計の選択肢，および画面レイアウトを表現するために構築される」と述べている[3)]．ここではこの定義に従い，低忠実度のプロトタイプの例について説明する．

（1）低忠実度のプロトタイプの使用場面

低忠実度のプロトタイプは，ソフトウェア開発プロセスの初期の段階で使用することが多い[4)]．プロトタイプは開発中のソフトウェアの様々な問題を発見するために使われるものであるが，その問題も多種多様である．例えば基本的な構造やタスクのフローなど，開発が進んだ段階で発見すると，その修正の労力やコストが大きくかかってしまうような大きな問題も存在する．低忠実度のプロトタイプは，そういった大きな問題を発見するために使用することが主な目的である．

また，ソフトウェア開発の初期の段階では，様々なアイデアを出し，その中から良いものを選択し，設計・実装に結びつけていくことも多い．この場合，アイデアの良し悪しを評価するためにも，プロトタイプは有効である．しかし，実際に動作するプロトタイプを作成するには労力もコストもかかるため，様々なアイデアを試すことは現実的ではない．低忠実度のプロトタイプではその労力やコストを省き，アイデアを評価することもできる．

逆に，開発初期の段階で発見すべき問題を発見したり，アイデアを評価するために高忠実度のプロトタイプを作ってしまうと，評価の参加者は詳細な部分に気を取られて評価してしまう可能性がある．例えば操作フローの妥当性について評価したい場合に，プロトタイプの画面を詳細に作りこんでしまうと，参加者が，画面内の文字の大きさやフォント，色使いなどの詳細な部分に対するフィードバックに終始してしまう可能性がある．この場合，本来の目的である，操作フローの妥当性などの大き

---

3) Rudd, J., Stern, K., and Isensee, S.: Low vs. High-Fidelity Prototyping Debate, *interactions* , ACM, 1996.

4) McElroy, K.: *Prototyping for Designers: Developing the Best Digital and Physical Products* , O'Reilly Media, 2017. 安藤貴子 (監訳): デザイナーのためのプロトタイピング入門, BNN 社, 2019.

な問題の発見やアイデアの良し悪しの評価にあまりつながらなくなってしまう．採用するアイデアや詳細な設計が決まっていない開発初期の段階で，高忠実度のプロトタイプを準備することは難しいことではあるし，このような可能性も考えると，大きな問題の発見やアイデアの評価という目的のためには，低忠実度のプロトタイプを使うことが適している．

低忠実度のプロトタイプでは，例えば操作フローの妥当性を評価するのであれば，画面の構成はラフなスケッチでインタラクションができなくても良いし，入出力するデータもあらかじめ特定のものを設定しておくということで良い．プロトタイプで操作フローを表現できていれば良い．評価の目的に応じて，プロトタイプで実現しておくべき事項を決定する必要がある．

低忠実度のプロトタイプのメリットとデメリットは以下の通りである．

メリット

- ソフトウェア開発の初期の段階で，プロトタイプによる評価ができる
- 作成や改良にかかる労力やコストが少なく，手軽にできる
- 詳細が決定していない段階のアイデアを簡単に試すことができる
- 新たな要求の獲得につながる場合がある
- 開発プロセスの初期の段階で，ステークホルダが評価できる
- 作成のために高いスキルを必要としない

デメリット

- 詳細な機能やインタラクション，画面の内容を評価できない
- プロトタイプだけでは，評価の参加者が何をすべきか把握できない場合がある

(2) ペーパープロトタイプ

低忠実度のプロトタイプの一例がペーパープロトタイプである．ペーパープロトタイプとは，UI を紙面上に描いたプロトタイプである (図

13.1)．まず，ペーパープロトタイプで評価をしたいタスクを決定し，そのタスクを実行するために必要な UI を紙面上に描く．精密な UI である必要はなく，ラフなスケッチで良い．そして，ソフトウェアユーザが評価の参加者，ソフトウェアの開発チームがコンピュータ役，進行役，観察者という役割分担をして評価を行う．

評価はまず，進行役が評価を進行し，参加者が紙面上の UI の構成要素 (ボタンなど) を指で指したり，入力欄に入力内容を書き込むなど UI の操作を行う．そうすると，コンピュータ役が UI が動作するように (例えば画面の切り替え時には紙を入れ替えるなど) 紙面を動かす．観察者は，参加者の様子や話した言葉などの評価の様子を記録する．ペーパープロトタイプで評価できるものは，UI で表現している機能の妥当性，概念や用語，操作フローの妥当性などである．

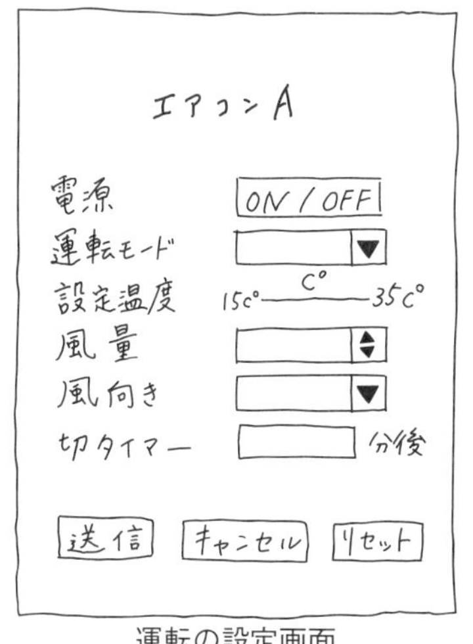

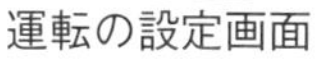
運転の設定画面

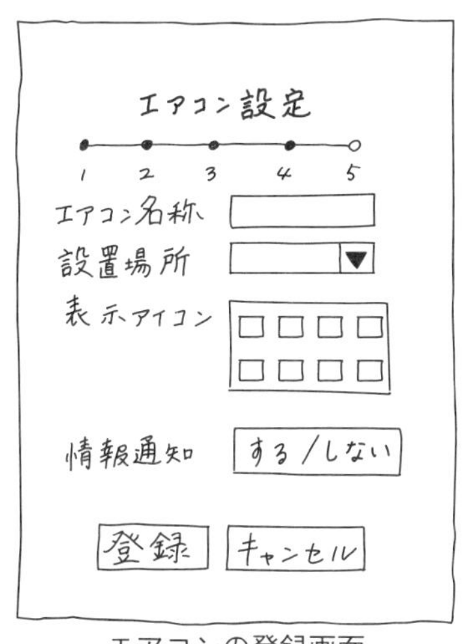

エアコンの登録画面

図 13.1　ペーパープロトタイプの例 (スマートフォンのエアコン操作アプリ)

またソフトウェアの GUI でも，ペーパープロトタイプではないやり方も存在する．例えば，評価の参加者がソフトウェアの画面を操作して，表示される次の画面については，プロトタイプの処理により画面を表示するのではなく，人間がその操作に応じた画面を参加者に表示する，というやり方である．つまりこのとき，参加者が操作する画面は，実際に動作する画面ではないのである．このようにすることで，実際の処理内容を実装することなく，処理内容の評価を行うことができる．

（3）オズの魔法使い

オズの魔法使いも，低忠実度のプロトタイプによる評価手法の一例である[5) 6)]．コンピュータが処理する部分を人間が代行する，という考え方である．そういう意味では，ペーパープロトタイプによる評価もオズの魔法使いの一種と言える．

しかし，ペーパープロトタイプは主としてソフトウェアのGUI(Graphical User Interface) (Webを含む) を評価の対象としていることに対し，オズの魔法使いは，それ以外にも適用できる．例えばVUIであれば，ソフトウェアによる音声の出力の代わりに，人間がソフトウェア役になって音声で応答することでVUIのシミュレートができる．操作フローや出力内容が音声になった時の分かりやすさや，ユーザによる音声入力のしかたの違いの確認などを行う．

（4）プロトタイプ作成ツール

プロトタイプ作成ツールを使わなくても，イメージ描画アプリでGUIの画面イメージを作成したり，プレゼンテーションソフトを使用する，という方法も考えられる．プレゼンテーションソフトは，1枚のスライドでGUIの1つの画面を作成し，ボタンを配置して，そのボタンをクリックすることで別のスライドにジャンプする，という設定にしておけば，ボタンのクリックで画面遷移をするプロトタイプを簡単に作成することができる．

5）樽本徹也, ユーザビリティエンジニアリング - ユーザエクスペリエンスのための調査，設計，評価手法, オーム社, 2014.

6）黒須正明, 松原幸行, 八木大彦, 山崎和彦: 人間中心設計の基礎 HCD ライブラリー第1巻, 近代科学社, 2016.

3. 高忠実度のプロトタイプ

2 節でも述べた通り，一般的にプロトタイプは，見栄えやインタラクションの観点で，低忠実度または高忠実度に分類されることが多い．Rudd らは，「高忠実度のプロトタイプは，完全にインタラクティブである．ユーザは，入力フィールドにデータを入力し，メッセージに応答し，ウィンドウを開くためにアイコンを選択することができ，一般的に，そのプロトタイプが実際の製品であるかにように操作することができる」[7)]と述べている．ここでは，この定義に従い，高忠実度のプロトタイプの例について説明する．

（1）高忠実度のプロトタイプの使用場面

高忠実度のプロトタイプは，低忠実度のプロトタイプとは違い，ソフトウェアの設計・実装がある程度進んだ段階で用いられることが多い．高忠実度のプロトタイプを使う段階では，低忠実度のプロトタイプでの評価の主な目的であった，大きな問題の発見やアイデアの評価などは完了していることが前提である．低忠実度プロトタイプでの評価には向かなかった詳細な部分 (画面内の文字の大きさやフォント，色使いなど) を評価することが主な目的となる．従って高忠実度のプロトタイプは，実際のソフトウェアにできるだけ近いものを作成する必要がある．例えば画面の内容について評価する場合には，画面の構成や文字のフォント，大きさ，色使いなどを実際の UI と同程度に作りこむ必要がある．インタラクションについて評価する場合には，実際のソフトウェアで使用できる入出力の方法をプロトタイプでも使用できるようにし，データも実際のものが入出力できるようにする必要がある．一方，UI プロトタイプで評価するものは主に UI の使用性であるため，ソフトウェアの拡張性や信頼性，相互運用性や保守性などについてはプロトタイプに含める必要はない．

7） Rudd, J., Stern, K., and Isensee, S.: Low vs. High-Fidelity Prototyping Debate, interactions , ACM, 1996.

高忠実度のプロトタイプのメリットとデメリットは以下の通りである．

メリット

- 詳細な機能やインタラクション，画面の内容を評価できる
- ステークホルダが，実際のソフトウェアと同じようにプロトタイプを操作できる
- 参加者による実際的な操作に基づいたフィードバックが得られる

デメリット

- 作成や改良にかかる労力やコストが多く必要である
- 作成のための高いスキルが必要である
- 様々なアイデアを試すことには向かない

またプロトタイプは，忠実度以外に使い捨てプロトタイプと進化型プロトタイプにも分類できる[8)]．使い捨てプロトタイプは，評価に使われた後は廃棄されるプロトタイプである．低忠実度のプロトタイプや，プロトタイプ作成ツールで作成されたプロトタイプの多くは使い捨てプロトタイプである．進化型プロトタイプは，評価および改良を重ねて，最終的なソフトウェアとして発展させるプロトタイプである．進化型プロトタイプの作成には，最終的なソフトウェアを構築する際と同様の手法やツールが利用される．

(2) プロトタイプ作成ツール

プロトタイプの作成には，様々なツールを使用することもできる．プロトタイプを作成することを目的とするツールも多数存在する．これらは，GUI の画面の作成からインタラクションやアニメーションの設定，入力されたデータの取り扱い，作成したプロトタイプのスマートフォンでの実行など，ツールによりできることは様々である．従って，プロト

8) Wiegers, K. E. and Beatty, J.: Software Requirements Third Edition, Microsoft Press (2013). 宗雅彦 (監修), 渡部洋子 (翻訳): ソフトウェア要求 第 3 版, 日経 BP, 2014.

タイプによる評価の目的やツールの使いやすさなどに応じて選択することができる.

(3) プロトタイプのプログラムの作成

高忠実度のプロトタイプは, 当然のことながらプログラムを書くことにより作成することもできる. プロトタイプをプログラムで作成するメリットは, 実際のソフトウェアにより忠実な UI を作成できることである. しかしプログラムを作成するのは誰でもできるわけではなく, 作成する労力やコストの負担も大きい.

(4) プロトタイプ開発事例

モデルなどを基にプロトタイプのプログラムを作成する研究も多数なされている. ここでは, 筆者が過去に行った研究[9]を紹介する. この研究では, 第 4 章 (3) 節で説明したユースケースのシナリオを基に, GUI のプロトタイプ (GUI プロトタイプ) のプログラムを生成する.

シナリオは, ユースケースにおけるユーザとソフトウェアとのインタラクションのフローを記述したものであるが, 1 つのユースケースに対し, 複数のシナリオ (主シナリオ・代替シナリオ・例外シナリオ) が存在する. また, ソフトウェアに対してユースケースも複数存在する. つまり 1 つのソフトウェアに対して, 多くのシナリオが存在することになる. そしてそのシナリオに記述されているインタラクションの 1 つ 1 つの手順 (イベント) は, すべて異なるものではなく, 同じ意味を表すものも多い.

そこで, 1 つ 1 つのシナリオ内のイベントフローをグラフとみなし, グラフ内のイベントのうち, 同じものを統合する. そうすると, ソフトウェアの全体的なイベントフローを表現したグラフ (シナリオ併合グラフ) が作成される. 図 13.2(a) は, レンタルビデオ店のソフトウェアを題材にした, シナリオ併合グラフの例 (一部) である. グラフの 1 つ 1 つのノード

---

9) J. and Fukazawa, Y.: A Method of Scenario-based GUI Prototype Generation and Its Evaluation, *ACIS International Journal of Computer & Information Science (IJCIS)*, Vol. 4, No. 1, 2003.

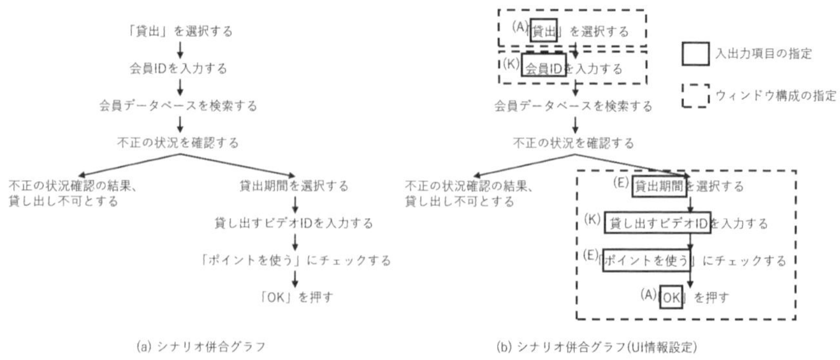

図 13.2　シナリオ併合グラフの例 (一部)

がイベントとなっている.

シナリオのイベントには，ユーザが入力する項目やユーザに出力する項目の名前が含まれる．そこでシナリオ併合グラフに対し，ソフトウェア開発者が，その入出力項目と，入出力項目の種類 (キーボード入力・排他的/複数項目選択・表示・アクション) を指定する．あわせて，どの入出力項目が同じウィンドウ上に配置されるか (ウィンドウ構成) を，イベント単位で指定する．図 13.2(a) のシナリオ併合グラフに対し，これらの指定を行った例が図 13.2(b) である．「貸出」や「会員 ID」など，枠線で囲まれた項目が入出力項目，入出力項目に付加されているアルファベットが入出力項目の種類 ((K) がキーボード入力，(E) が排他的選択，(A) がアクション)，点線で囲まれたイベントが，同じウィンドウ上に配置される入出力項目のイベントである．

そしてシナリオ併合グラフに対するこれらの設定を基に，GUI プロトタイプのプログラムが生成される．具体的には，入出力項目に対して具体的な GUI の部品を割り当て，ウィンドウ構成の指定の通りにウィンドウに入出力項目を配置したプログラムを生成する．ただし，生成された GUI のレイアウトは生成時に自動的に決定しているため，必ずしも実際のソフトウェアに忠実なものとなるとは限らない．そこで，生成された GUI のレイアウトは，統合開発環境などの GUI のレイアウトを整える支援ができるソフトウェアに，プロトタイプのプログラムを読み込み，ソフトウェア開発者がレイアウトを整える.

(5) T 型プロトタイプ

高忠実度のプロトタイプはもちろん，低忠実度のプロトタイプであっても，3 節(1)で説明した幅や深さをすべて表現したプロトタイプを作成するには，労力もコストも多くかかる．そこで，ソフトウェアが持つ機能をひと通り確認することができるプロトタイプ (「幅」の観点で高忠実度なプロトタイプ，水平プロトタイプ[10]) や，少数の特定の機能のみ，最初から最後までの操作フローをたどることができるプロトタイプ (「深さ」の観点で高忠実度なプロトタイプ，垂直プロトタイプ[10]) を使用することがある.

水平プロトタイプは，ソフトウェアのトップ画面から，メニューなどにより次の画面に進むことができる程度のプロトタイプである．スマートフォンのアプリを思い浮かべると理解しやすい．多くのアプリで，トップ画面の下部のボタンをタップしたり，ハンバーガーメニュー[11] から項目を選択すると，次の画面に遷移する．これらの画面を含めたものが水平プロトタイプである.

垂直プロトタイプは，特定の機能について，トップの画面から最後の画面までたどることができるプロトタイプである．スマートフォンのアプリでは，トップの次の画面を操作すると，さらにその次の画面に遷移する，という構造になっているものも多くある．そのように次の画面へ，次の画面へと遷移し，最後の画面まで表示できるようなプロトタイプが垂直プロトタイプである．ただし，あくまで特定の一部の機能のみ使用することができ，他の機能については使用できない.

そして，水平プロトタイプと垂直プロトタイプを組み合わせたものが T 型プロトタイプ[10] である．つまり，T 型プロトタイプは，ソフトウェアのすべての機能を確認することができ，かつ一部の機能については最

---

10) 樽本徹也, ユーザビリティエンジニアリング - ユーザエクスペリエンスのための調査，設計，評価手法, オーム社, 2014.

11) アプリによって位置は様々であるが,「三」の形をしたメニュー

後まで使用することができる．図 13.3 は，エアコンをスマートフォンから操作するアプリの T 型プロトタイプの画面遷移の例である．太枠・太字の画面がプロトタイプとして作成されている部分である．

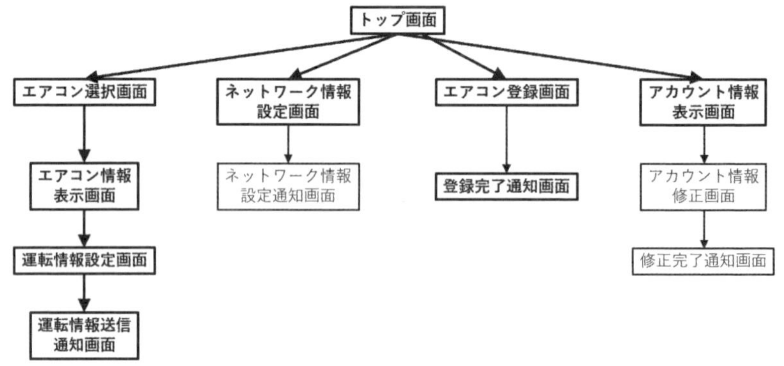

図 13.3　T 型プロトタイプの画面遷移の例

4. プロトタイプによる評価

プロトタイプにより要求を評価する場合には，プロトタイプを作成してそれをユーザが試用し，ユーザからのフィードバックを得てプロトタイプを改良する，というプロセスを繰り返す．プロトタイプによる評価は，大きく分けて計画・実施・結果の分析及び報告の 3 つの段階で行われる．

(1) 計画

計画の段階では，まず，プロトタイプを用いた評価の目的を決定し，それに基づいたタスクを設定する．タスクは，評価の参加者がプロトタイプを用いて行う作業課題である．このタスクが評価結果を大きく左右するため，慎重に設定する必要がある．樽本によると，タスクを設定する際の基本方針は以下の 4 つである[12) 13)]．

主要なタスクに絞り込む

ソフトウェアには様々な機能があり，ユーザによる機能の使われ方も様々である．従って，あらゆる機能や使われ方を評価しようとすると，評価内容が膨大になるため現実的ではない．ソフトウェアの主要な目的や，ユーザの主要な目的に照らし合わせて，タスクを厳選する必要がある．

ユーザの視点で発想する

タスクは，ユーザが行う作業のことである．従って，ユーザの視点ではソフトウェアをどのように使用するのか，という観点でタスクを設定する必要がある．タスクは必ずしも，ソフトウェアの提供側がユーザにしてほしいことと一致するとは限らない．

スタートとゴールを定義する

評価において，評価の参加者がタスクを完了できたか否かを判定することは，基本的な評価基準の 1 つである．従って，タスクのスタート地点とゴール地点を，タスクの目的に応じて明確に決定しておく必要がある．

シナリオ化する

ここで言う「シナリオ」とは，第 4 章で説明しているシナリオではなく，評価のために参加者に想定してもらう，ソフトウェア利用の背景や目的などである．ユーザがソフトウェアを利用する際には，ただ単に機能を使用するのではなく，その時々に応じた利用状況が存在する．従って評価の際にも，評価の目的に応じて，ソフトウェアを利用する架空の背景や目的 (例えば旅行のときのツアーのオンライ

---

12)　樽本徹也, ユーザビリティエンジニアリング - ユーザエクスペリエンスのための調査，設計，評価手法, オーム社, 2014.

13)　黒須正明, 松原幸行, 八木大彦, 山崎和彦: 人間中心設計の基礎 HCD ライブラリー第 1 巻, 近代科学社, 2016.

ン申し込みサイトの評価において,「夏休みに旅行を計画していて,ツアーを予約する」など) を設定し,評価の参加者に,それに基づいてプロトタイプを操作してもらう.こうすることで参加者が,より現実感をもって評価に臨むことができる.

次に,評価の実施手順や質問事項を決定する.評価の事前説明や同意書 (評価実施中の録音・撮影の許可や個人情報の取り扱い,守秘義務など) へのサイン,事前調査,タスク実施,事後調査,謝礼の支払い,参加者のお見送りなどが主な実施手順の内容である.事前調査では,個人の属性に関する質問 (氏名や職業など) や,評価対象のソフトウェアやタスクに関連する質問 (PC やスマートフォン,インターネットの使用歴や主な使用目的,よく使用するソフトウェア,評価対象のソフトウェアに関して重視する事項など) の準備をしておく.事後調査では,プロトタイプに対する参加者の意見や,タスクに関する感想や満足度などの質問を準備しておく.満足度に関しては,既存の評価尺度を利用することも 1 つの方法である.

また併せて,評価の参加者のリクルートも実施する.参加者は,評価対象のソフトウェアで想定されるユーザのうち,代表的なユーザをリクルートする.そのために,必要に応じて,参加者の条件を設定してスクリーナ (適切な参加者かどうかを判定する質問集) を作成・実施して,実際の参加者を決定する.

そして,評価の目的やタスクの内容に応じたプロトタイプを作成し,録音・録画のための機材,参加者へのタスクの内容説明書など,評価で使用するものを準備する.必要に応じて,プロトタイプにはダミーのデータを仕込んだり,タスクの遂行に小道具が必要な場合にはそれも準備する.

また,会場の準備も必要である.大勢が参加者の周りで評価の様子を観察するのは,参加者に不必要な緊張感を与えてしまう可能性があり,望ましくない.従って,例えばマジックミラー越しに観察ができるような部屋を準備したり,複数の部屋を準備して,そのうちの 1 部屋で参加者がタスクを遂行し,別の部屋で映像中継により観察する,といった方法がある．後者の場合，参加者の部屋にいるのは，参加者と評価の司会者のみか，参加者 1 人のみとし，その他の評価者は別の部屋にいることとする．

(2) 実施

評価の参加者を会場に迎え入れたら，挨拶や評価内容，手順の説明，同意書へのサインなどの手続きの後，事前調査を行う．そして参加者にタスクを遂行してもらう．

タスクに関しては参加者が自分で遂行し，評価者はその様子の観察に徹する，ということが原則である．参加者には，どのようなことを考えてタスクを遂行しているかを口に出しながら (思考発話法[14) 15)]) 作業してもらうよう，依頼しておく．しかしそれでも参加者の発話が途切れたり，参加者の思考や行動がタスクの遂行からずれてしまうような場合には，評価者が介入し，参加者の考えや戸惑っていることなどを聞いたり，何か操作をするよう促すなどして，タスクの進行や発話を促す．ただし，参加者の反応に基づいてプロトタイプの評価を行うことが目的である．従って，参加者の操作の正誤の判定や，行うべき操作を参加者に伝えてしまわないようにすることが重要である．これは，参加者自身の思考による操作が行われなくなり，結果としてプロトタイプに存在する問題の発見につながらなくなるためである．

そしてタスクの遂行の終了後，事後調査を行う．計画の段階で準備した質問や，また評価者が，タスクの実施中の参加者の様子について気になったことなどについて質問をし，回答してもらう．そして評価を終了し，謝礼を渡して参加者を見送る．

---

14) 樽本徹也, ユーザビリティエンジニアリング - ユーザエクスペリエンスのための調査，設計，評価手法, オーム社, 2014.

15) 黒須正明, 松原幸行, 八木大彦, 山崎和彦: 人間中心設計の基礎 HCD ライブラリー第 1 巻, 近代科学社, 2016.

（3）結果の分析及び報告

最後に，結果を分析して報告書をまとめる．参加者のタスクを達成できたか否かや，タスクの達成にかかった時間，「はい」「いいえ」やリッカート尺度 (「いいえ - どちらかと言えばいいえ - どちらかでもない - どちらかと言えばはい - はい」などの程度の段階で質問に回答する形態) で回答してもらう質問といった，定量的なデータを算出する．タスクの達成可否については，達成できたのかできなかったのかだけでなく，スムーズに達成できたか戸惑いながら達成したのか，という達成の度合いも分析する．併せて，タスク実施中の観察や，録音・録画したデータ，質問に対する参加者の回答などの分析も行う．これらを総合して，プロトタイプの問題点を洗い出す．そして，必要であれば，評価の実施内容や分析結果などをまとめた報告書を作成する．

5. まとめ

要求の妥当性を確認するために，プロトタイプが用いられることが多い．プロトタイプを作成し，評価し，評価のフィードバックに基づいて改良する，というプロセスを繰り返すことにより，プロトタイプを洗練し，実際のソフトウェアで実現する UI を決定していく．最初は低忠実度のプロトタイプから始め，作成・評価・改良のプロセスを繰り返し，低忠実度のプロトタイプでの問題点のおおむね修正されれば，高忠実度のプロトタイプに忠実度のレベルを挙げる，という方法が効果的である．

低忠実度のプロトタイプのメリットの１つとして，作成や改良にかかる労力やコストが少ないことを挙げたが，それでも多少なりとも労力やコストはかかる．しかし，労力やコストばかりに気を取られてプロトタイプによる評価を怠ってしまうと，それは結局手戻りの発生につながってしまい，さらに大きな労力やコストを払うことにつながる．ゆえに，プロトタイプの目的を明確に設定し，作成・改良にかかる労力やコストと，期待されるフィードバックの内容とのバランスを考え，プロトタイプの忠実度 (T 型プロトタイプも含めて) や作成方法を選択することが重要である．

参考文献

(1) Snyder, C.: Paper Prototyping: *The Fast and Easy Way to Design and Refine User Interfaces* , Morgan Kaufmann (2003). 黒須正明 (監訳): ペーパープロトタイピング 最適なユーザインタフェースを効率よくデザインする, オーム社, 2004.
(2) 樽本徹也, ユーザビリティエンジニアリング - ユーザエクスペリエンスのための調査, 設計, 評価手法, オーム社, 2014.
(3) 黒須正明, 松原幸行, 八木大彦, 山崎和彦: 人間中心設計の基礎 HCD ライブラリー第 1 巻, 近代科学社, 2016.

研究課題

- 低忠実度のプロトタイプとして，ペーパープロトタイプとオズの魔法使い以外にどのようなものがあるかを調べよ．
- プロトタイプ作成ツールをいくつか探し，試用して違いを比較せよ．

14 要求管理

中谷多哉子

第 14 章では，要求定義の計画と要求の管理について解説する．ソフトウェア開発中に，要求仕様書に記述された要求が変更されたり，新しい要求が追加されたりすることは少なくない．要求変更によってソフトウェア開発プロジェクトを失敗させないために，要求定義のプロセスを計画し，実施し，プロジェクトの進行と共に要求仕様書の構成を維持・管理する．

1. はじめに

繰り返し型開発を適用するプロジェクトでは，開発者は，これまでの仕様の成長過程を理解しながら，要求を追加したり変更したりする．なお，本章では，特にことわらない限り，要求と要求仕様を同義語として扱う．

第 1 章で紹介した**鳴門モデル**で表したように，要求プロセスが何度も繰り返されることを考えると，要求仕様書の構成管理は必須である．ここで**構成管理**とは，文書を構成する項目間の依存関係を管理し，文書の版管理を行うことである．特に要求の構成を管理するとは，要求文の間の依存関係，そして，要求文とその根拠，および後の工程の成果物との間の依存関係を管理し，要求文毎の版管理を行うことを指す．このような構成管理は，構成管理ツールで行う．例えば，構成管理ツールは，個々の要求に対して識別子を付与し，後続の設計工程やプログラミング工程の成果物との間の依存関係を管理する．これによって，一つの要求変更によって影響を受ける設計仕様書やプログラムを見つけることができる．

以下の節では，要求変更，要求管理，要求仕様書の構成管理ツールを含めた要求管理ツールについて解説する．

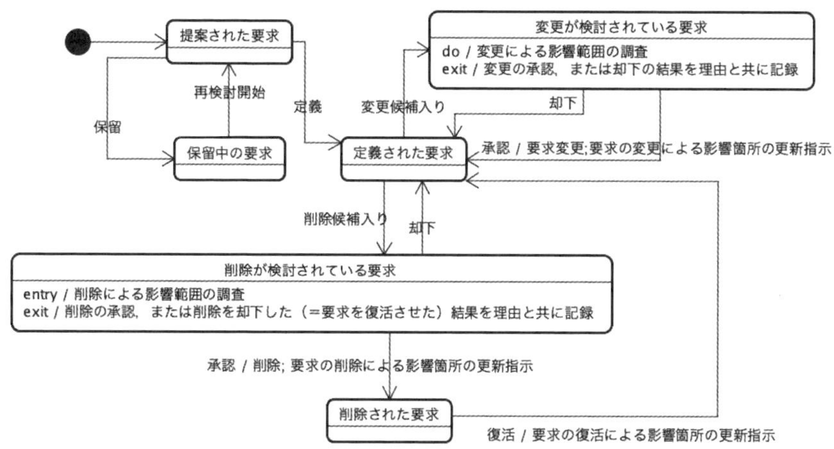

図 14.1　要求のライフサイクル

2. 要求のライフサイクル

図 14.1 に，要求仕様書に記述された要求のライフサイクルを第 3 章で解説した UML (Unified Modeling Language)[1] のステートマシン図で表した．要求の最初の状態は，「提案された要求」である．このまま要求仕様書には書かれずにバックログとして保留されたり，開発対象の要求として要求仕様書に定義されたりする．しかし，要求仕様書に定義された要求も，変更されたり削除されたりする．開発者は，その都度，要求の追加，変更，削除（以下，これらの作業をまとめて要求変更という）による影響範囲を調査する．これによって，要求変更に対応するために必要なコストと期間を見積もる．要求者は，要求を変更しないときのリスクを分析する．要求変更の可否は，要求者側のステークホルダと開発者側のステークホルダがネゴシエーションを行って決定される．

実際のプロジェクトでは，特定の要求が定義され，保留され，仕様書に取り込まれ，再び削除され，削除が取り消されるといったことが繰り返されることもある．このような要求の更新が繰り返されないようにするために，なぜ，要求を変更するのかを記録し，個々の要求の状態を開

1）マーチン・ファウラー: UML モデリングのエッセンス 第 3 版, 翔泳社, 2006.

発者を含めたステークホルダが把握できるようにしておきたい．そのために，要求管理を行う．

3. 要求管理とは

要求管理とは，要求プロセスの活動による成果物の状態を電子的に保存し，適切に定義されたアクセス権限のもとで保護し，要求の構成管理を行うことである．

個々の要求が状態を変えるため，定期的に要求仕様書のベースラインを決め，版管理を行う．これによって，要求の検討会議や開発で必要になったときに最新の要求を迅速に参照できるようになる．その他，要求管理には，要求変更に伴うリスクの管理，要求に基づいた開発コストやスケジュールの見積もり作業が含まれる．

この節では，最初に要求管理の概要を述べた後，要求管理計画を解説し，最後に，要求管理の事例を紹介する．

(1) 概要

要求管理では，以下の事を行う．

- 要求管理計画の立案：いつ，どのような要求を獲得するのか．誰がどのような方法で要求を獲得するのかといった要求プロセスを計画するとともに，要求プロセスの成果物をどのように管理するかを決める．
- 要求の属性の定義：個々の要求が，図 14.1 に示したどの状態にあるのか，現在の状態に到るまでに，どのような過程を経てきたのかを追跡するためのデータを要求の属性として定義する．
- 追跡可能性の管理：設計やビジネス要求の仕様書など，関連する書類や項目との関係を辿り，変更や削除の影響範囲を把握するためのデータを管理する．これらのデータによって，要求変更に伴うリスクの管理，要求に基づいた開発コストやスケジュールの見積もり作業を行えるようになる．

(2) 要求管理計画の立案

要求プロセスの関与者は，要求者側のステークホルダと **SME**(SME: Subject Matter Expert, 対象領域の専門家) や利用者，開発者である．彼らが協力して，要求を定義し，更新する．要求者や発注者であるステークホルダには，定義された要求を参照し，開発者に対して誤りを指摘したり，要求の更新を依頼したりする責任がある．要求プロセスの計画では，以下の事項を決める[2)]．

- 基本方針
  要求プロセスの目的と工程，そして，各工程におけるステークホルダの責務を決める．
- 作業の内容と成果物
  要求プロセスで行う各工程の作業の目的と内容，および成果物を定義する．
- コミュニケーション計画
  プロジェクトに参画するステークホルダ間で情報を共有し，意見を交換する方法を決める．例えば，プロジェクトで課題が明らかになったり，障害が発生したりしたときの通知方法を決める．
  さらに，要求定義の進捗状況を共有するための方法を決める．例えば，定義した要求の件数や要求の種類，今後の計画などを定量的に可視化する方法を決める．
- 要求管理の方法
  要求プロセス全体で行われる要求管理の方法を決める．例えば，要求管理ツールを決め，その使用法と，ツールを介した情報交換の方法を決める．また，ツールに登録されているデータのアクセス権限をステークホルダごとに定める．
- 要求変更の方法
  要求変更の検討を開始するトリガー（きっかけ）と，要求変更の方法を決める．要求変更の中には，プロジェクトの進捗に大きな

2) 情報サービス産業協会 REBOK 企画 WG, 要求工学知識体系, 近代科学社, 2011.

> 影響を与えるものがある．しかし，その要求変更の**優先順位**が高いのであれば，承認して，開発に反映させなければならない．そこで，いつ，どのような状況のときに，どのような工程を経て，要求変更を承認するのかを決める．

要求には，安定性という属性がある．安定性とは，要求の変わりにくさを表す指標である．一般に，利用者インタフェースに関する要求の安定性は低いと言われている．また，開発者の知識が不足している場合も，要求の安定性は低くなる．

要求の安定性が低いことが要求仕様書に明記されていれば，設計者は，プログラムを変更しやすいように設計することができる．したがって，すべての要求に安定性を定義することは，要求変更が発生するとしても，**QCD**[3)]を守るためには重要である．

要求変更を実施するために，要求仕様書に取り込む要求を取捨選択する作業は，**トリアージ**と呼ばれている．次のページの図 14.2 に典型的なトリアージの手順を示した[4)]．トリアージの目的は，獲得した要求の集合を用いて，開発に必要な期間とコストを見積もり，開発に取り込む要求の集合を得ることである．もし，求められたコストや期間で完了出来ないほど多くの要求が要求集合に含まれていたら，要求を削除しなければならない．

トリアージを行う必要があるか否かを知るために，最も優先順位の高い要求を選び出し要求の部分集合を求める．この部分集合が鳴門モデルの一巡で開発対象となる要求候補となる．この部分集合を開発しても，期間とコストに余裕があるのであれば，より優先順位の低い要求を部分集合に追加する．

トリアージの基準となるのが，同程度の規模（期間，またはコスト）で見積もられた過去のプロジェクトのデータである．まず，(1) 当該プロジェクトの要求部分集合を開発したときの期間やコストを見積もり，(2) 同

3） Quality，Cost，Delivery の頭文字．品質，コスト，納期を表す．

4） アラン M. デービス: 成功する要求仕様 失敗する要求仕様, 日経 BP, 2006. を元に筆者が改訂．

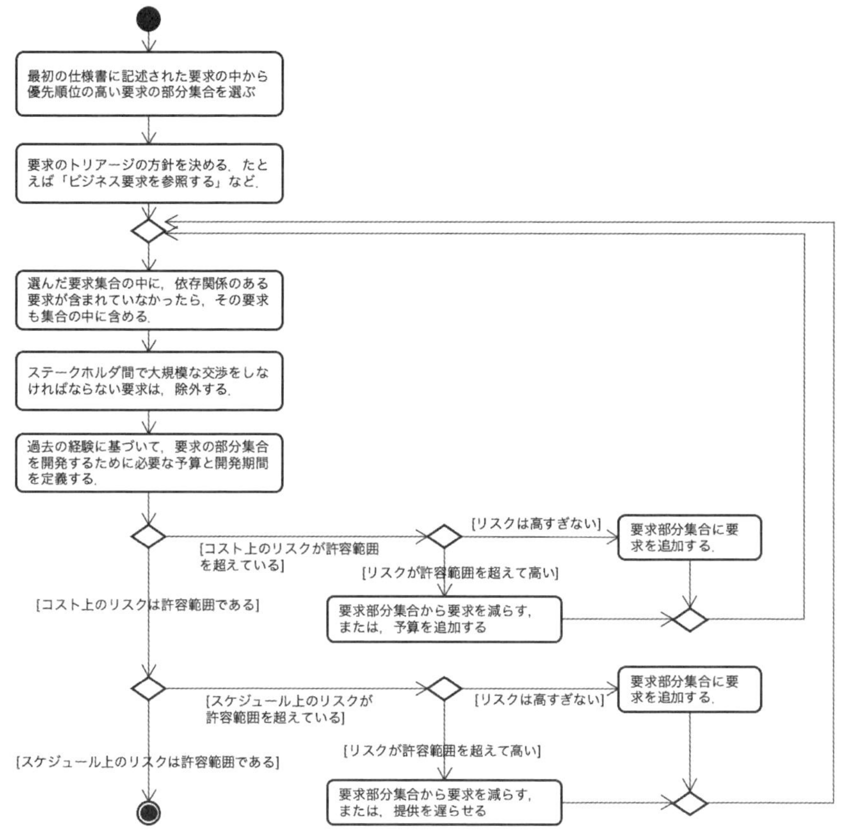

図 14.2　典型的な要求のトリアージプロセス

程度の期間やコストで見積もられた過去のプロジェクトのデータを得る．次のページの図 14.3 に，過去の同程度のプロジェクトの完了実績を表すグラフの例を示した．横軸がプロジェクト期間である．縦軸は，各期間で終わったプロジェクトの累積確率である．図から，この規模のプロジェクトであれば，15 週で 100%のプロジェクトが完了していたことがわかる．

このグラフに，当該プロジェクトの開発期間である 11 週を点線の縦線で書き込んだ．グラフから，この規模のプロジェクトが 11 週で完了する確率は 80%であることを読み取れる．この値がプロジェクトとして許容範囲内であるか否かを評価すればよい．楽観的に考えれば要求を追加し

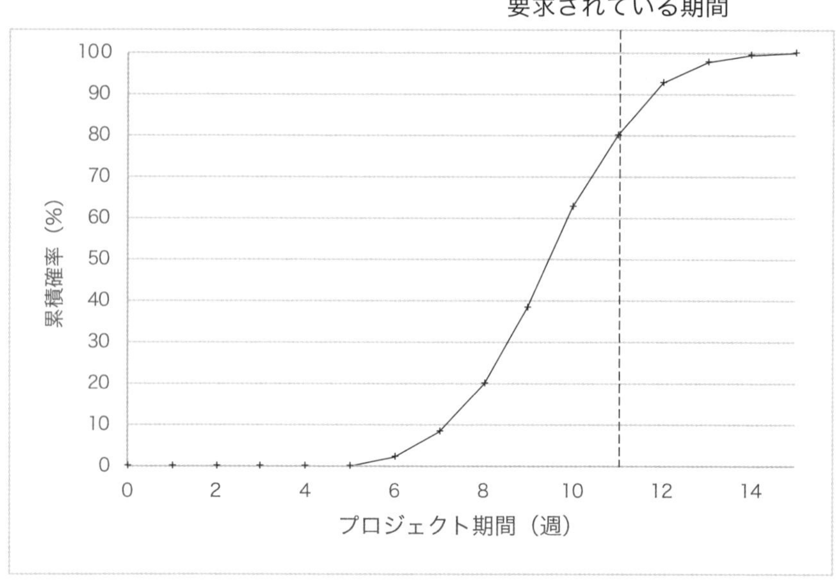

図 14.3　トリアージを始める必要があるか否かを判断する基準の例[4)]

ても良いかもしれないが，悲観的に考えるのであれば，トリアージを行う必要があるだろう．

（3）要求の属性

以下に，要求を管理するために必要な属性を複数列挙する．ただし，要求の属性は多ければ良いというものではない．属性が多いと，新しい要求を定義するときや要求を変更するときの手間が多くなる．そこで，ここでは必須の項目のみを示すことにした．＊は，適切な要求管理ツールを使えば自動的に入力される項目である．

- 識別子*
- 要求の内容：1 文で表すことが望ましい．
- 記入者*
- 開発側の管理担当者
- 要求者側の担当ステークホルダ，または SME

- 記録日時*
- 親要求や子要求へのリンク*：親要求とは，記述している要求の概要を示した要求であり，子要求とは，記述している要求を詳細化した要求である．
- 設計項目へのリンク

以下はオプションの項目である．

- より詳細な説明をするための資料やデータ．例えば，その要求が必要な理由を説明するための，**ユーザストーリー**や動画．
- 意味的に関連する他の要求へのリンク
- 関連する文書へのリンク
- 受入テスト，システムテスト，統合テストなどでテストする内容
- 本件の内容へのアクセス権限
- 懸念事項，確認事項，備忘録など
- 要求の状態（図 14.1 を参照のこと．）

その他にも，要求管理ツールによっては，様々な属性を定義できるようになっている．例えば，要求変更が生じた場合，影響範囲の分析と関係者への通知など，様々な手続きが発生する．そのようなときに，適切に手続きが遂行されるように，要求変更への対処を中心的に行う責任者を登録できるツールもある．プロジェクトにおける作業の指示と進捗の管理をするためには，プロジェクト管理ツール[5)]を使える．

4. 要求管理ツール

要求管理ツール[6)]の重要な役割は，仕様情報の自動追跡と成果物の版管理である．

ここで「追跡」には，2 種類の意味がある．1 つ目は**後方追跡**で，記述された要求の出所を辿ることである．後方追跡には，出所のデータの識

5）Jira, Redmine, Notion などがある．

6）RaQuest, DOORS, Jama, Modern Requirements などがある．

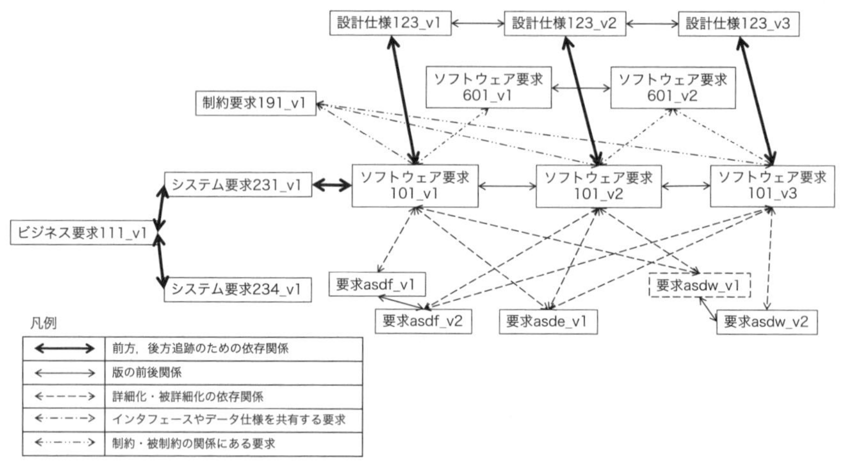

図 14.4　要求の様々な依存関係の例

別子と要求の識別子との間のリンクが必要である．このリンクは，要求が正しく定義されていることをレビューするとき，要求の根拠を確認するときに役に立つ．

2つ目は**前方追跡**で，後続の工程で生成される成果物と要求との関係を辿ることである．前方追跡では，後続する工程の成果物に付与された識別子と，関係する要求の識別子との間にリンクを定義する．前方追跡するためのリンクは，要求変更の影響範囲を調査するときに必要となる．

要求の無矛盾性を維持するために，要求の構成管理は，**要求の依存関係**も管理する．要求の間の相互依存関係には，前後の版という同じ要求の間の依存関係の他に，他の要求との間の依存関係がある [2)]．

- **詳細化／被詳細化**
  ある要求と，それを詳細化することで定義された要求との間の関係．
- **要求／被要求**
  データや，インタフェースを共有する要求の間の関係．
- **制約／被制約**
  制約条件などの要求と，その制約を受ける要求との間の関係．

要求の間の依存関係に基づいた要求の構成を図 14.4 に例示した．

5. 要求管理の事例

この節では，あるプロジェクトで観測された要求管理の事例を紹介する．

このプロジェクトでは，レストランの客席からタブレットを使って注文を受けるシステムの開発を行った．プロジェクトの要求管理計画を以下に示す．

- 基本方針
  開発者がレストランの注文と売上げ管理，およびタブレットの通信インタフェースに関するドメイン知識を持っていなかったため，開発を繰り返しながら要求の確認を行うことにした．また，システムを複数のサブシステムに分割することで並行開発を行うこととし，各サブシステムのインタフェースはプロジェクトの初期に決定することが決められた．これらのサブシステムの開発とは別に，システムに接続するPOSシステムなどの外部システムとのインタフェースの仕様を調査する担当者が決められた．
- 開発プロセス
  開発者が獲得した知識の正しさを確認する必要があるサブシステムの開発では，定期的にプロトタイプを開発して，発注者（要求者）に対してデモ会を開催することにした．
- コミュニケーション計画と要求管理の方法
  発注者が要求仕様書，課題管理表，プロトタイプ，設計仕様書，プログラム，テスト仕様書などの開発成果物を保存するためのリポジトリを提供し，複数の開発会社の開発者が，これらの成果物を共有しながら，開発を進めることにした．
  週2回の進捗会議を行い，仕様書と成果物のレビューを行い，仕様上の誤りを早期に発見して修正することにした．また，この進捗会議の議事録も，共有リポジトリに保存することが決められた．議事録は，外部設計，内部設計，プログラミング，テストの工程ごとに作成することにした．

図 14.5 に，このプロジェクトの要求獲得の過程[7] を示した．図の横軸はプロジェクトの経過日数 t を表し，縦軸は，プロジェクトの経過日数 t における要求定義率を表している[8]．折れ線グラフは，ソフトウェアのコンポーネントごとの要求定義率を表す．ここで，**要求定義件数**，**要求定義総件数**，**要求定義率**は，それぞれ以下の式で求めた．

$$\begin{aligned}\text{要求定義件数}\,(t) =&\ \text{新たに追加された要求件数}\\ &+ \text{変更された要求の件数}\\ &+ \text{削除された要求の件数}\end{aligned}$$

$$\text{要求定義総件数} = \sum_{t=0}^{end} \text{要求定義件数}\,(t)$$

$$\text{要求定義率}\,(t) = \sum_{t=0}^{t} \text{要求定義件数}\,(t)/\text{要求定義総件数}$$

この要求数の計測方法では，要求のライフサイクルのうち，追加，変更，削除が，それぞれ別の 1 件の要求とみなされる．このプロジェクトでは，それぞれのサブシステムによって，開発プロセスが異なっていた．このことは，図 14.5 から定量的に観測できる．

例えば，1. や 2. のコンポーネントの要求は，外部設計中に 100%の要求を抽出できていたことから，ウォーターフォールモデルに従って開発を進めたことがわかる．しかし，3. は実装中にも要求が獲得され続けていたし，4. のコンポーネントは，システムテスト中にも要求が追加・変更・削除されていた．このことから，コンポーネント 3. や 4. は，繰り返し型開発が適用されていたことがわかる．実際，開発者へのインタビューによっても，このことは確認できた．

このプロジェクトは納期を守って完了することができた．その理由は，

7） Takako Nakatani et al.: “A Case Study of Requirements Elicitation Process with Changes,” IEICE, vol.E93.D, No.8, 2010, pp.2182-2189.

8） 実際には，各工程が並行して行われることがあったが，議事録は工程ごとに登録されていたため，工程ごとに区切った日数に基づいてデータを可視化した．このように可視化したことで，コンポーネントごとに，100%の要求定義が完了していた時期がわかる．

プロジェクトの開始時に安定性の高いコンポーネントの開発にはウォーターフォールモデルに基づいて開発し，要員の知識が不足していたり，要求の安定性が低かったりするコンポーネントの開発には，繰り返し型開発を適用することが計画されていたことによると考えられる．これによって，プロジェクトの後期に発生した突発的な要求変更に対応するための開発者を配備できた．この開発者は，安定性の高いコンポーネントの開発を担当していた開発者であり，プロジェクト後期には，すでに担当していた開発が終わっていた．

要求の安定性は，環境の安定性や，技術者の知識の量，技術的な新しさ，要求者の知識や経験，将来への期待の大きさに左右される．これらのことを考慮して，プロジェクトの目標に向けて，いつまでに100%の要求を定義するのかを計画する．図に示した事例で得られた知見は，以下の事柄であった．

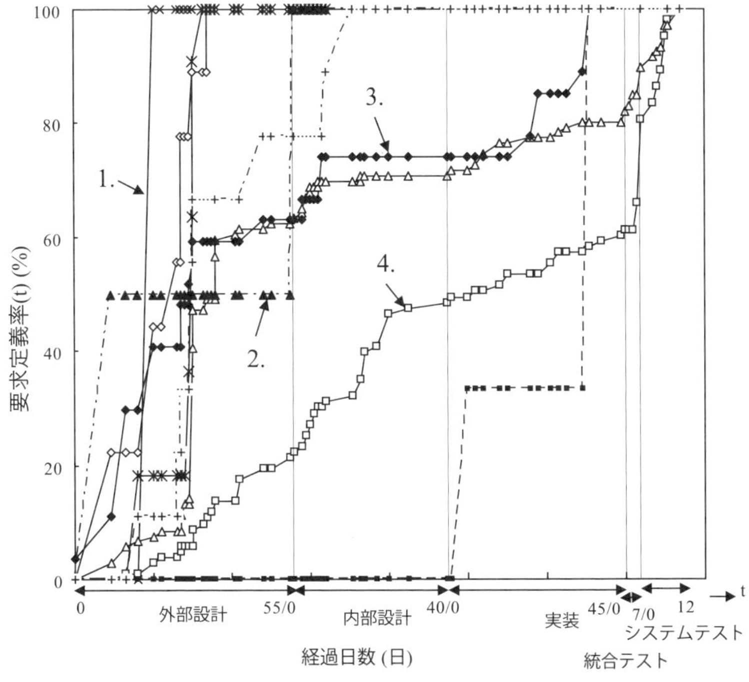

図 14.5　要求が定義された過程 7)

- 安定性の低い（変更されやすい）要求は，早期に定義する努力をするよりも，開発計画に基づいて，できるだけ新鮮な要求に基づいて設計や実装が行えるように計画する．使い捨て型のプロトタイプ[9]を作成して要求を確認することは，安定性の低い要求に対処するための典型的な方法である．
- 安定性の高い（変わりにくい）要求は，獲得時期に依存せず同じ要求を定義できる．安定した要求は，早期に獲得し，開発も早期に着手するように計画を立てることができる．
  事例では，こうすることによって，開発の後期に障害が発生したときの要員を確保できた．

ここで紹介したプロジェクトでは，人手によって議事録を読み解き，要求の分類を行った．しかし，要求管理ツールを適用することによって，データを自動的に収集することが可能となる．また，要求ごとの版管理を追跡できれば，要求追加と要求変更を区別して観測することもできる．

6. まとめ

この章では，要求は変更されるものであるという前提のもとで，プロジェクトを管理するための要求管理について解説した．繰り返し型開発では，鳴門モデルに基づく要求管理を行う必要がある．変更される要求をレビューするときや，設計者が最新の要求を参照できるようにするための要求の構成管理についても解説した．また，要求変更のプロセスを定量的に観察した事例を示して，ソフトウェア開発プロジェクトの実態にも触れた．

要求プロセスは，品質の高い要求仕様書を作るために，繰り返す必要がある．要求プロセスを注意深く計画し，定量的な観察を行うことで，要求管理の知見を蓄積することが可能となる．

9）低忠実度のプロトタイプでも良い．このプロトタイプは，拡張することを想定していない．信頼度も低くて良い．モックアップである．

参考文献

(1) アラン M. デービス: 成功する要求仕様 失敗する要求仕様, 日経 BP, 2006.

研究課題

1) あなたは，新しい交通系 IC カードの開発を任された．この交通系 IC カードの利用者は，カードのサイトにログインすることで，過去一年間の利用履歴を参照することができる．このカードを開発するための要求管理計画のうち，コミュニケーション計画を立案しなさい．
2) 要求の構成管理を行う必要がある理由を考察しなさい．
3) 要求者か，または開発者として参画するソフトウェア開発プロジェクトにおいて，要求獲得のプロセスを定量的に観測し，評価しなさい．

15 失敗事例に学ぶ要求定義

大西　淳, 中谷多哉子, 白銀純子

本章では，実際の開発で失敗に終わった事例をいくつか紹介する．失敗に終わった問題点と，その問題点を第 14 章までに取り上げた手法で解消できるかどうかを考察する．開発が失敗に終わった原因となる問題点とその対処法を知っておくことは，今後の開発においても有益であり，実開発で失敗に陥らないように適切な要求定義手法を活用できるようになることを目指す．

1. はじめに

多くのソフトウェア開発プロジェクトの失敗原因は，要求定義の失敗だけではない．開発組織や技術者の技術が失敗の原因になっていることもある．プロジェクトマネジメントの仕方に原因がある場合もあるが，要求定義における失敗を原因とする場合が 4 割を占めるという報告もある[1)]．本書では要求工学における様々な技術を紹介した．これらの技術を適用することで，どのような失敗を解決できるのであろうか．この質問に答えるために，日経コンピュータで発表された記事「動かないコンピュータ」の中から，3 つの失敗事例と日経新聞に掲載された 1 つの失敗事例を選んだ．各事例の失敗原因を考察し，その原因を解消できるかどうかを考察した．

1) 日経コンピュータ: ” 変わる IT トラブル,” 2017 年 8 月 3 日, 2017.

2. 失敗事例 1：社会保険オンラインシステム

(1) 概要

この節では，社会保険オンラインシステムにおける個人情報の流出事件を取りあげる[2)]．2015 年 5 月に日本年金機構に対するサイバー攻撃が行われた．年金機構の職員に対するメールにより，機構内の PC がマルウェアに感染し，外部からの操作で機構内の社会保険オンラインシステムから 125 万件の個人情報が流出した．この事件を重く見た政府は「行政システムで機敏な情報を扱う部分とインターネットなどを分離する」対策を立て，対策に基づいて実装されたのが図 15.1 に示す「セキュアゾーン」である．

セキュアゾーンは利用可能な端末をゾーン内の仮想 PC に限定し，外部から利用する場合は画面情報を転送する遠隔操作としていた．外部からの攻撃を防ぐために仮想 PC と外部とのデータのやりとりはできないようにし，また他の行政システムとの連携もできないようになっていた．

一方，厚労省からは意向調査段階で「職員の PC にセキュアゾーンの PC からデータをダウンロードできなければならない」との要望が出されていた．これはセキュアゾーンの「外部とのデータのやり取りはできない」という仕様と矛盾するが，総務省は厚労省との調整や議論を行わないまま調達を進めてしまった．

短期間で執行しなければならない補正予算だったこともあり，政府のチェック機構も十分に働かないまま調達が進み，結果として厚労省を含めた他の省庁からは「外部とのやり取りができない」という制約が強すぎるセキュアゾーンの利用希望は出なかった．2017 年 4 月からの運用開始だったが，その後の 2 年間での運用実績は全くなく，総務省は利用の見込みがないとして運用開始後 2 年間で廃止を決定した．開発・運用に要した費用 18 億 8700 万円あまりが無駄となった．

---

2) 日経コンピュータ: 動かないコンピュータ, 日経 BP 社, pp.96-98, 2019 年 11 月 14 日, 2019.

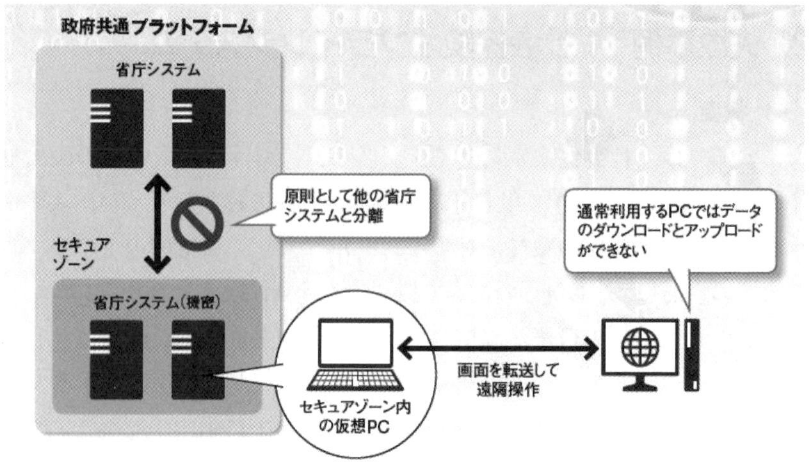

セキュアゾーン内の PC 上のデータを職員は通常利用する外部の PC にダウンロードして使いたいという要求があったが，セキュリティ上の観点から考慮されず，ダウンロード機能が実装されなかった．結果として使い勝手が極めて悪くなり，利用希望がなくなった．

図 15.1　セキュアゾーンの概要[3)]

（2）失敗の原因

セキュアゾーンのユーザに当たる厚労省からは，セキュアゾーン内の PC と外部の PC である職員の PC 間でデータのダウンロードが必要であるというニーズが出されていたにもかかわらず，そのニーズがセキュアゾーンの仕様に反映されなかったことが失敗に終わった根本的な原因である．ダウンロード機能が実装されない場合，どういった問題が生じるか，逆にダウンロード機能が実装された場合，セキュリティ上の対策は可能かどうかといった検討や議論が十分に尽くされるべきだったが，補正予算の執行という時間的な余裕もなかったことで，ユーザからのニーズを十分に反映しない仕様のまま開発に至ってしまった．

3） 日経コンピュータ：動かないコンピュータ、日経 BP 社、pp.97,2019 年 11 月 14 日, 2019.

(3) 対策

では，今まで学んできた技術でこの失敗事例は防ぐことができたかどうか検討してみよう．失敗事例ではステークホルダである厚労省からのニーズがセキュアゾーンの仕様に反映されていなかったことが大きな問題であった．以下に，本書で解説した手法によって，どのような面でプロジェクトが失敗するリスクを低減できるかを考察した．

- ステークホルダ分析
  ステークホルダ分析が適切に適用された結果，厚労省が大口ユーザとして挙げられていた．
- ネゴシエーション
  しかしながら主要なユーザからのニーズと仕様が矛盾するのに矛盾が解消されず，ネゴシエーションが十分に行われなかった．第 7 章で学んだネゴシエーション手法によって，ダウンロード機能とセキュア機能の両立による矛盾を解消できたと思われる．
- マインドマップ
  第 2 章で学んだマインドマップを用いたリスクの可視化によって，総務省と他省庁のリスクの共有化が達成できたと思われる．
- ユーザーストーリー，シナリオ分析
  失敗事例のようにリスクをあまり重要視せずに要求分析を進めたとしても，第 3 章で学んだユーザーストーリーや第 4 章で学んだシナリオを用いた分析を行っていれば，ダウンロード時の問題点の顕在化ができたと思われる．
- ゴール指向分析
  第 5 章と第 6 章で学んだゴール指向分析を適用することによって，ダウンロード機能とセキュア機能の共存のための解決策の検討ができたと思われる．
- 形式手法
  第 11 章で紹介した形式手法を活用するには，要求を「ダウンロード可能（外部ユーザ，セキュアゾーン）」という述語と「アクセス不可能（外部ユーザ，セキュアゾーン）」という述語で表し，「ダ

ユースケース：セキュアゾーンにあるデータの編集
アクター：利用者
事前条件：利用者はセキュアゾーンへのアクセス権限を有する
イベントフロー：
主シナリオ
1. 利用者はセキュアゾーンにログインする
2. セキュアゾーンの特定のデータを検索し，画面で確認する
3. セキュアゾーンからデータをダウンロードする
4. ダウンロードしたデータを編集する
5. 編集が終わったデータをセキュアゾーンにアップロードする
6. 正しく編集結果が反映されたことを画面で確認する
7. 利用者はセキュアゾーンからログアウトする

図 15.2　セキュアゾーンのデータ編集のユースケース記述

ウンロード可能」の否定が「アクセス不可能」であることから矛盾することを導くことができる.

（4）ユースケース記述による問題点の顕在化

ここでは第 4 章で紹介したユースケース記述を用いて，厚労省のユーザがセキュアゾーンのデータを編集するユースケース記述を用いての問題点の顕在化を検討する.

図 15.2 では，セキュアゾーンと外部間でのデータのアップロードやダウンロードが示されているが，このような具体的なインタラクションを開発者に提示することによって，セキュアゾーンの利用法に対する開発者と利用者の間での考え方の相違を顕在化できたと思われる.

3. 失敗事例 2：ワクチン接種記録システム

(1) 概要

この節では，新型コロナウィルス (COVID-19) のワクチン接種における，接種会場でのトラブルを取りあげる[4)]．COVID-19 のワクチン接種が開始されたのは，2021 年 4 月からである．各自治体から住民宛に接種券が配布され，住民は，接種予約を行い接種会場で予防接種を受けた．このとき，接種券に印刷されていたバーコードや QR コードが接種会場で読み込めず，接種券番号を手入力しなければならない事態が発生した．

図 15.3 に，ワクチン接種に関する一連の作業のうち，接種券配布から接種までの作業の流れをアクティビティ図で表した[5)]．この図では，自治体，住民（接種者），接種会場の接種担当者，ワクチン接種記録システム (VRS： Vaccination Record System) [6)] をアクターとした．

接種会場で発生した障害とは，設置されていたタブレット端末で接種券の識別子である番号列を読み取ろうとしたとき，タブレット端末のピントがあわず，数字を読み取れないというものであった．そのため，接種データを手で入力しなければならなくなった．しかし，登録されたデータに誤りがあり，10 万件を超えるデータを修正しなければならなくなった[7)]．

読み取りができなかった数字列には，下記の 18 桁のデータが記されていた．

- 券種（1 桁）
- 券番号（10 桁）：個人を特定する番号
- 接種回数（1 桁）
- 接種費用の請求先となる自治体の ID（6 桁）：自治体を特定する番号

4) 日経コンピュータ: 動かないコンピュータ, 日経 BP 社, pp. 66-68, 2021 年 4 月 29 日, 2021.
5) https://info.vrs.digital.go.jp/guide/venue など．本書第 3 章でも解説した．
6) https://info.vrs.digital.go.jp/
7) 甲斐誠: デジタル国家戦略失敗つづきの理由, ベストセラーズ, 2022.

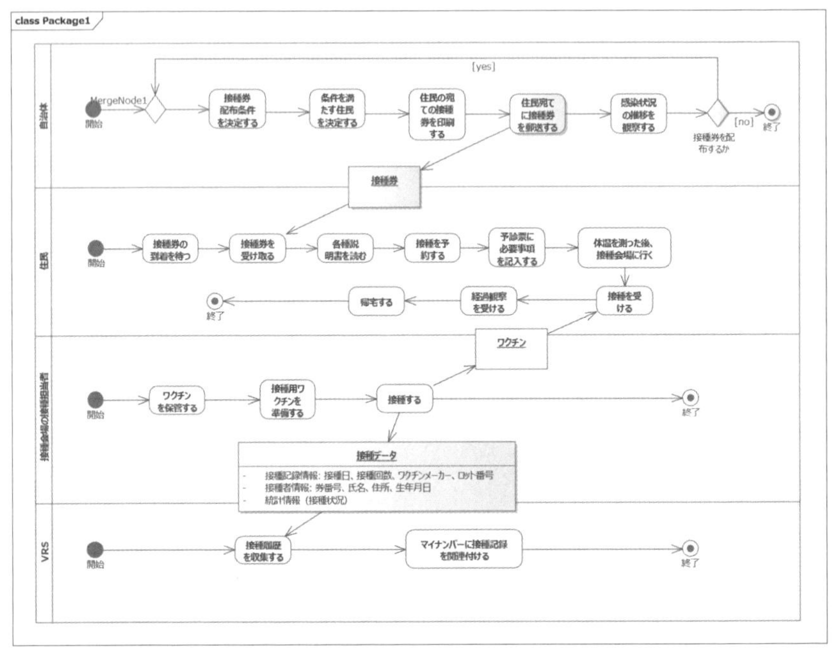

図 15.3　コロナ 2019 のワクチン接種における作業の流れ

VRS は，接種券の数字列 18 桁から，マイナンバーに基づいて管理されている個人を識別し，個人の接種履歴の管理を行う機能を持っていた．

（2）失敗の原因

筆者は，手元にある接種券の QR コードをスマホで読み取ろうとしたが，ピントが合わせられなかった．同じ問題が接種会場でも生じたようである．

接種会場に配布されたタブレット端末には，OCR(光学文字読み取り装置：Optical Character Reader) 機能が備わっており，OCR で数字列を読み取ることになっていた．

機能要求として，「接種券の数字列，バーコード，または QR コードによって 18 桁の番号を読み取れること」は，的確に定義されていたのであろう．しかし，この要求には，以下の非機能要求が必要であった．

- 読み取り速度

  接種会場によっては，1 日に数百人規模か，あるいはそれ以上の接種を行っていたのではないか．実務上，1 分間に何枚の接種券を読み取ることを要求していたのか．デジタル庁の VRS タブレット端末で OCR ラインを読み取る動画によると，1 枚の接種券を読み取るのに 20 秒程度の時間がかかっていた．
- 読み取り精度

  タブレット端末のカメラの焦点調整の性能も定義する必要があった．それによって，カメラの性能に合わせた文字列の大きさや QR コードのサイズなどを調整することができたはずである．

以下で，このような非機能要求に気づくための手法をまとめた．

(3) 対策

ワクチンの接種は現実世界で起きることであるが，接種記録の管理はデジタル世界で行われることである．第 1 章のプロブレムフレームで紹介したように，VRS によって，「接種」を現実世界とデジタル世界との間の共有事象にできるが，この共有事象を効率的に正確にコンピュータ世界に入力することは，必須である．図 15.3 からも，接種情報だけが二つの世界を繋ぐ事象であることがわかる．ワクチン接種が主たる業務であるから，データの登録は，効率的に，かつ，正確に行われなければならない．

このような効率性や正確性の重要性は，複数の手法を適用することで気づくことができる．

- シナリオ分析

  第 4 章で解説したシナリオ分析を行うことで，非機能要求が必要であることに気づくことができたかもしれない．タブレット端末のカメラを用いて OCR 機能を使う場合を例として，シナリオを以下に示す．

  1) 利用者は，タブレット端末を乗せる台を作る．この台にタブレット端末を設置したとき，接種券とタブレット端末のカメラとの間の距離が7.5cmになるようにする．

ただし，タブレット端末を手で持って，接種券との間を7.5cmに保ちながらカメラ撮影を行うのは至難の業である．前提条件として，タブレット端末を置く台を作ることを説明する必要もあった．

2) 接種券の右上に表示されている18桁の数字列を確認し，その場所にカメラの視野が入るように調整する．

シナリオ分析によって，タブレット端末を乗せる台と原稿を置く台がなければ，そのような微調整はできないことに気づけたであろう．

3) 利用者は，タブレット端末で，接種券読み取り機能を起動する．
4) 読み取りを行う18桁の数字列をタブレット端末がスコープに収めていることを確認し，「読み取り開始」をタップする．
5) 数字列を読み取れたら「次へ」をタップする．
6) 画面に接種対象者の情報が表示されるので，接種券に印刷されている接種対象者のデータと照合して，一致していることを確認する．

接種者がデータを適切に確認したことをどのように判断すればよいのか．シナリオ分析を行うことで，予め，誤認識への対処方法が必要であることに気づけたであろう．この課題に気づければ，誤認識をデータの登録時に発見し，適切に修正できたかもしれない．

7) 表示された接種券情報に誤りがないことを，予診票と照合して確認する．

(例外1) 接種日，ワクチンの情報，医師名に誤りがある場合は，修正が必要な項目の右側に表示されている「編集」をタップして，修正する．

（例外2）読み取りに間違いがあるときは，「←戻る」をタップして，(3)から繰り返す．

1 件の照合と確認にどの程度の時間がかかるか，検証したのか．例えば，未確認のまま次の作業に進むことを防止する機能は提供されていたのか．「正しく手順通りにやるように指示されても，やらない」のが人間であることを想定し，データに誤りが入る可能性のある箇所では，誤りが入らないようにシステムの要求を定義する必要がある．例えば，複数の人で入力されたデータをチェックしなければ，正式登録ができない機能などを考えることができる．1 件のデータを登録するために時間はかかるが，後でデータの誤りを発見する手間よりは安価であろう．あるいは，数字列を 19 桁にして，データの誤りを検出するための数字を追加することも検討できたであろう．そもそも，接種券は明らかにコンピュータから出力されたものであるはずだが，それを紙というアナログ世界のモノにして配布した時点で，接種時の入力誤りを排除することは飛躍的に困難になる．

8)「登録」をタップする．

9)「完了しました」と表示されたら，「←接種券読み取りへ」をタップして，(3) から繰り返す．

（例外）次の読み取りを行わない場合は，「ログアウト」をタップする．

1 枚の接種券の読み取りとデータの確認に 20 秒かかるとすると，100 人分のデータを読み込むのに，30 分以上かかることになる．これは妥当な時間であろうか．要求を定義するときは，実際にシステムを使用する場で，処理時間という効率性が妥当であるか否かを，確認する必要もあった．

- CATWOE 定義とゴール指向分析

処理時間という効率性が妥当であるか否かを判断する必要があることに気づくために，第 3 章で学んだ CATWOE 定義を適用できる．ゴール指向分析を行うときには，トップゴールを定めるが，トップゴールは，CATWOE 定義の W：世界観から導くことができる．接種担当者（厚生労働省）は，以下の世界観を持っていたはずである.

接種担当者の世界観：国民が安心，安全に生活できるようにするためには，迅速なワクチン接種が必要である．そして，接種の正しい記録を残し，接種状況を把握する必要がある.

しかし，開発者の世界観は，以下のようなものだったのではないか.

開発者の世界観：短期間でシステムを開発して，ワクチン接種を早く開始する必要がある.

後者の世界観も重要であったが，正しい記録を残せず，修正作業を人間が行うとしたら，莫大なコストが必要となる．接種担当者の世界観に基づいてゴール指向分析を行えていれば，OCR を使ってデータを読み込ませ，その結果を担当者が目視で確認するといった，容易に誤ったデータがシステムに入力されてしまう方法を選ばずに済んだ可能性もある．要求分析に時間とコストをかけず，開発を急ぐプロジェクトは少なくない．しかし，「要求の誤りを要求分析の工程で発見できず，運用時に発見した場合，その修正コストが 100 倍，1000 倍必要になる」という話[8)] は，今でも有効である.

4. 失敗事例 3：図書館情報システム

(1) 概要

2013 年 1 月，横浜市の 18 の市立図書館が共同で利用する基幹システム (図書館情報システム) がダウンし，蔵書検索や貸し出し予約といったインターネットサービスが利用できなくなった[9)]．図書館情報システムの刷新直後だった．この図書館情報システムでは，登録しているユーザは約 100 万人，貸し出し予約の 77%はインターネット経由で行われていた.

システムダウンの原因は図書館情報システムのデータベースサーバへ

---

8) B. Boehm: Software Engineering Economics, Prentice Hall (1981).

9) 日経コンピュータ: 動かないコンピュータ, 日経 BP 社, pp. 82-84, 2013 年 4 月 18 日 (2013).

のアクセス集中だった．データベースサーバの同時アクセス数の上限は，毎秒 100 件に設定されていたが，毎秒 200～300 件のアクセスがあったと見られる．つまり実際のアクセス数が設定値を大幅に超えてしまったために起こった，設定ミスによるトラブルであった．そこで，同時アクセス数の上限を毎秒 600 件にすることでトラブルを解消した．

このデータベースサーバの同時アクセス数の設定ミスはなぜ起こったのか．日経コンピュータによると，2 つの要因を挙げている．

1)　開発企業の交代
2)　同時アクセス数の要求が曖昧

1 の要因については，図書館情報システムの刷新にあたり，従来のシステムを手がけていた富士通から日立へ開発企業が変わった．日立が採用した，自社の図書館向けパッケージを横浜市の図書館に適用するにあたり，従来の機能を提供し続けるために多くの追加開発が必要になった．その結果大幅な開発の遅延が生じ，稼働直前のテストができなくなったということである．2 の要因については，同時アクセス数の設定について，明確な数値が横浜市側からの情報を基に決定したのではなく，日立の経験則から決めていたということである．この 2 の要因が要求定義上の問題を含んでいると考えられるため，本節ではこの 2 の要因について考察を行う．

(2) 失敗の原因と対策 1：要求の品質特性

横浜市側は，長期でシステムを停止して再開した後は大量のアクセスが集中することを認識していた．実際この 2013 年 1 月も，2012 年の年末から 13 日間にわたってシステムを停止していた．そのアクセス集中の懸念は日立側に伝えられていたが，明確なアクセス数についての言及はなく，横浜市側による RFP(Request for Proposal，提案依頼書) にも記載がなかった．そして，上記の概要で挙げた，設定ミスの 1 の要因である，開発企業の交代による開発の遅れもあり，同時アクセス数の設定値については明確な要求抽出がなされないまま，システムの稼働をしてしまった．この原因の１つとして，要求仕様書に記述された要求に問題があったと考えられる．

第８章で要求の品質特性について解説したが，まずはこの品質特性の観点から考察を行う．品質特性の中で本節の事例に関係すると考えられる品質特性は，完全性と非曖昧性，検証可能性である．完全性は「要求は実体のニーズを満たすように, 必要な機能, 特性, 制約, 品質要素が十分に記述されるべきである」ことを表す．前ページで説明した通り，横浜市側からの同時アクセス数の上限についての要求は提案依頼書には書かれていなかった．そうであれば同時アクセス数の上限の要求は要求仕様書には書かれていなかった可能性がある．

非曖昧性では「要求は一意に解釈されなければならない」ことを表す．前ページで説明した通り，横浜市側からはアクセス集中の懸念は伝えられていたことから，何らかの形で要求仕様書に要求が記述されていた可能性もある．例えば，もし「多くの同時アクセスがあっても耐えられること」というような記述になっていたとすると,「多く」とはどの程度であれば「多い」のかは明確ではない．具体的な数値で表す必要がある．また「同時アクセス」の「同時」とは，１秒間なのか１分間なのか，もっと短い時間なのか，どういう期間での「同時」であるのかが明確ではない．つまりこのような要求が記述されていたとすれば,「一意に解釈」できる非曖昧な要求とは言えない．非曖昧性を満足させるには,，例えば「最低毎秒 600 件の同時アクセス数に耐えられること」などの明確なアクセス数の数値を要求仕様書に要求として記述する必要がある．

検証可能性は「要求は，その実現によって，顧客が満足することを証明できる (検証できる)」ことが必要である．一般的に，曖昧な要求は検証可能ではない．上記で考察した通り，同時アクセス数に関する曖昧な要求が記述されていたとすると，この検証可能性も満たしていないと言える．

以上より，要求仕様書に記述された要求の品質特性を満たすことは，本節の事例のようなトラブルの回避するために効果的であると考えられる．

(3) 失敗の原因と対策 2：ステークホルダの参加とコミュニケーション

日経コンピュータの記事[10)]によると，横浜市側の担当者は，「意思疎通が必ずしも十分とは言えなかった」と振り返っている．第 3 章で説明した通り，ステークホルダが抱えていたり認識している問題は，必ずしも本当に解決すべき課題を意味しない．ステークホルダが認識している問題を，第 3 章で説明した様々な手法により，具体的な課題を抽出して，その課題を解決するための要求を定義する必要がある．つまり，課題抽出が不十分で，その結果，要求仕様書に書かれている要求が不完全になってしまっていたと推察できる．人が相互了解し，さらに相互理解することは，誤解を解消し，要求の抜け漏れに気づき修正するために必須である．UML によるモデルや形式的な仕様の記述，要求仕様書の書き方など，様々な手法を紹介しているので，これらの成果物を，コミュニケーションの媒体として使うことが望ましい．

さらに tandish Group による報告書[11)]では，開発プロジェクトが成功する要因と失敗する要因について調査している．伝統的な指標 (コストや納期が計画通り，完成した成果物が目的通り) と現在的な指標 (コストや納期が計画通り，完成した成果物の満足度) で，成功したプロジェクトの要因を分析している．調査の結果，各要因を得点化し，上位 10 の要因を順位とともに報告している．その結果，双方の指標において「ユーザの参加」という要因が 3 位となっている．

一方，同報告書では，何らかの問題があったプロジェクトと失敗したプロジェクトについても，その問題や失敗の要因を併せて分析している．成功した要因と同様，各要因を得点化し，上位 10 の要因を順位とともに報告している．その結果，問題があったプロジェクトと失敗したプロジェクトの双方で，「ユーザの参加」の要因が 5 位となっている．この Standish Group による報告書からわかることは，開発へのユーザ，つま

10) 日経コンピュータ: 動かないコンピュータ, 日経 BP 社, pp. 82-84, 2013 年 4 月 18 日, 2013.

11) Standish Group: Factors of Success 2015, The Standish Group International, Inc., 2015.

りステークホルダの参加は，プロジェクトの成否に関わることであり，非常に重要ということである．

本節の事例におけるステークホルダとは，図書館情報システムの発注元である横浜市と，システムを利用する人であると考えられる．そして事例のトラブルの内容を考えると横浜市側の参加が重要であっただろう．ただし，ただ参加するのではなく，要求を正しく要求分析者に伝えて，品質の高い要求仕様書を一緒に作っていく，という役割を持つステークホルダの参加が必要ということである．第2章でステークホルダ分析の説明をしているが，システム責任者など，要求仕様書に書かれた要求の正当性に責任を持つステークホルダである．このような責任や権限を持つステークホルダが開発プロジェクトに参加することが，プロジェクトを成功に導くにあたって非常に重要な要因と言える．

5. 失敗事例4：電子申請システムの廃止

（1） 概要

佐賀県警は，2006年4月に導入した電子申請システムを2009年3月に廃止した．道路の使用許可を申請したり，事業者が暴力団からの不当な要求を防止するための責任者を届け出るなど，20種類ほどの行政手続きを行うためのシステムである[12)]．窓口での申請は年間1万件以上あるにも関わらず，この電子申請システムの利用は，2008年度に休止されるまでの2年間で1件もなかった．

この件に対し，電子申請システムの費用対効果を測定せず，開発や運用，サーバのリース，メンテナンスも含めた4億円超の金額が無駄になったとして，市民オンブズマンによる住民訴訟が起こされた．地方裁判所での結果は敗訴となったが，本節ではこの電子申請システムについて考察していく．

訴訟を起こした市民オンブズマンによると，この電子申請システムの

12） 佐賀県: 佐賀県職員措置請求監査報告書, https://www.pref.saga.lg.jp/kiji00319935/3_19935_2_kansahoukokusyo.pdf, 佐賀県 (Online), available from (https://www.pref.saga.lg.jp/kiji00319935/3_19935_2_kansahoukokusyo.pdf)(accessed 2023-10-29)

導入にあたり，下記の問題点を挙げている[13)]．住民訴訟前に行われた住民監査請求も棄却されているが，これら 4 点については監査委員も認めているとされている．中でも 1 と 2 について要求獲得上の問題を含んでいると考えられるため，本節ではこの 2 点について考察を行う．

1)　システムを導入する前に県民の利用見込み等について十分な検討が行われていなかったこと
2)　利用者の使い勝手について検討が十分でなかったこと
3)　広報をするための戦略が十分でなかったこと
4)　県民にシステムを利用してもらうための努力がなされなかったこと

（2）失敗の原因と対策 1：ペルソナ分析及び人間中心設計

1 つめの県民の利用見込みについて，佐賀県警は，県民が警察署の窓口に行く手間が省ける，ということを，電子申請システムの利点として挙げている[14)]．しかし電子申請システムでは，例えば申請者が個人の場合は，申請者の本人確認のために住民基本台帳カードによる電子証明書と IC カードの読み取り装置など，いくつか選択肢はあるものの，有料で準備しなければならないハードウェアやソフトウェアが必要だった．窓口で申請する際には不要なものであり，利便性を挙げるという利点には結びつきにくい．佐賀県の監査報告書でも，佐賀県の担当者により，「電子認証等によるハードルが高い手続きしかない」と言及されている．このような問題がなぜ見過ごされたのか．県民が手続きを行うためのシステムであるため，県民は実際にシステムを操作するユーザ，つまりステークホルダである．ということはこの事例は，開発プロジェクトへのステークホルダの参加という観点で問題があったと言える．

第 2 章でステークホルダ分析について解説したが，本節の事例におい

13)　東島浩幸: 県警 4 億 5 千万円電子申請システム廃止, https://www.ombudsman.jp/policedata/saga100905.pdf, 全国市民オンブズマン連絡会議 (Online), available from ⟨https://www.ombudsman.jp/policedata/saga100905.pdf⟩ (accessed 2023-2-6).

14)　佐賀県: 佐賀県職員措置請求監査報告書, https://www.pref.saga.lg.jp/kiji00319935/3_19935_2_kansahoukokusyo.pdf, 佐賀県 (Online), available from (https://www.pref.saga.lg.jp/kiji00319935/3_19935_2_kansahoukokusyo.pdf)(accessed 2023-10-29)

て，新聞記事[15)]や市民オンブズマンの文書[16)]から判断できる範囲のオニオンモデルを描くと図 15.4 のようになるだろう．

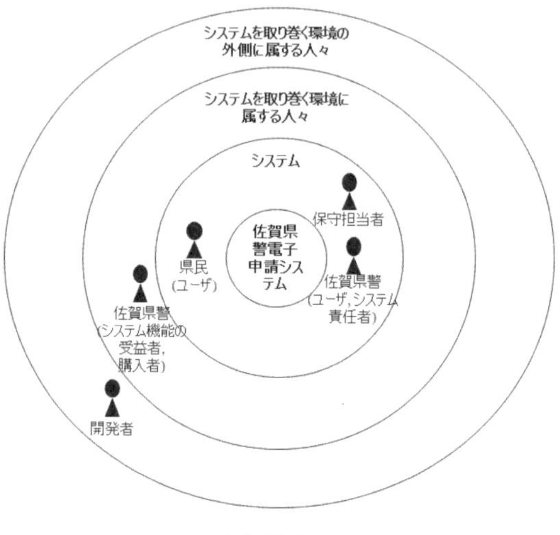

図 15.4

このオニオンモデルを見ると，「ユーザ」に佐賀県警と県民が含まれる．つまり本節の事例において佐賀県警と県民はステークホルダの一員である．佐賀県警が導入したシステムであるため，佐賀県警の要求はシステムに反映されていたと考えられる．しかし上記の市民オンブズマンが挙げた問題点によると，ステークホルダの一員である県民のニーズが把握されていなかったということである．

現実にシステム開発において，発注側の企業/組織と開発企業においてすべての開発が進行し，完成したシステムのステークホルダ (今回の事例の県民のような，発注側の企業/組織の一員ではないステークホルダ) の意見が反映されない，ということは少なくない．しかしそういったステークホルダも，ステークホルダの一員として要求を持っている．県民

15） 日本経済新聞 2010 年 3 月 27 日地方経済面: 佐賀県警 電子申請ステム廃止 4 億円超投入，利用ゼロ, 日本経済新聞社, 2009.

16） 東島浩幸: 県警 4 億 5 千万円電子申請システム廃止, https://www.ombudsman.jp/policedata/saga100905.pdf, 全国市民オンブズマン連絡会議 (Online), available from ⟨https://www.ombudsman.jp/policedata/saga100905.pdf⟩ (accessed 2023-2-6).

をステークホルダとして洗い出し，第 3 章のペルソナ分析や第 12 章の人間中心設計などを用いれば，電子申請システムを利用する県民自身の目標や，使用可能なハードウェアやソフトウェアなどの利用状況，知識やスキルなどのユーザ特性を分析することになる．そうすると，県民が電子証明書や IC カードの読み取り装置を用いることはハードルが高いとわかった可能性がある．

また，例えば電子証明書と IC カードの読み取り装置に関しては，代わりに ID とパスワードで本人確認をしたり，添付書類を省略したりするなど，県民にとって操作しやすい方法についての要求も抽出できたのではないか．

（3）失敗の原因と対策 2：プロトタイプによる確認

概要にて挙げた 1 と 2 の問題点への対応には，電子申請システムのプロトタイプを用いた確認も有効であったと考えられる．第 13 章で解説した通り，プロトタイプは低忠実度と高忠実度に大きく分けられる．概要にて挙げた 1 の問題点を考えると，低忠実度のプロトタイプを使用するのが適切であるだろう．

IC カードの読み取り装置を使うという操作については，オズの魔法使いによりプロトタイプを用いた評価ができる．プロトタイプを作成して県民がその評価に参加していれば，電子証明書や IC カードの読み取り装置を用いる問題点に気づいたのではないか．

この事例からは，ステークホルダを洗い出して開発プロジェクトに参加してもらうこと，利用状況やユーザ特性を分析すること，プロトタイプを用いてシステムの操作を評価することが重要であることがわかる．

6. まとめ

失敗原因は一つではない．また，失敗原因を取り除くための技術も 1 つではない．本章の失敗事例に適用した技術は，失敗を回避するための 1 つの提案である．読者も，共に考えてもらいたい．

研究課題

本書で解説した以下の技術について，どのような失敗を回避するために使えるかを考察しなさい．

シナリオ分析
ゴール指向分析
モデル検査

索引

●配列は五十音順，アルファベット順。

●た　行

●な　行

●は　行

分担執筆者紹介

（執筆の章順）

海谷　治彦（かいや・はるひこ）

・執筆章→ 5・6・7

1994 年　東京工業大学博士課程修了
現在　神奈川大学教授，博士（工学）
専攻　ソフトウェア工学

佐伯　元司（さえき・もとし）

・執筆章→ 9・10・11

1983 年　東京工業大学大学院工学研究科情報工学専攻博士課程修了
2000 年　東京工業大学大学院情報理工学研究科教授
現在　南山大学理工学部ソフトウェア工学科教授，工学博士
専攻　ソフトウェア工学，要求工学
主な著書　方法論工学と開発環境（共著 共立出版）

白銀　純子（しろがね・じゅんこ）

・執筆章→ 12・13・15

2002 年　早稲田大学大学院理工学研究科情報科学専攻博士課程修了
現在　東京女子大学准教授，博士（情報科学）
専攻　ソフトウェア工学，要求工学
主な著書　トップエスイー基礎講座 2 要求工学概論 要求工学の基本概念から応用まで（共著 近代科学社）
基礎講座 Java（単著 毎日コミュニケーションズ）
コンピュータとソフトウェア（共著 放送大学教育振興会）

編著者紹介

中谷　多哉子（なかたに・たかこ）

・執筆章→ 1・2・3・14・15

1998 年　東京大学大学院総合文化研究科広域科学専攻博士課程修了
現在　放送大学教授，博士（学術）
専攻　ソフトウェア工学，要求工学
主な著書　要求工学知識体系 REBOK（共編著　近代科学社）
コンピュータとソフトウェア（共著　放送大学教育振興会）
オブジェクト指向に強くなる（共編著　翔泳社）

大西　淳（おおにし・あつし）

・執筆章→ 4・8・15

1981 年　京都大学大学院工学研究科情報工学専攻修士課程修了
1983 年　京都大学大学院工学研究科情報工学専攻博士課程退学
現在　立命館大学教授、京都大学工学博士
専攻　ソフトウェア工学、要求工学
主な著書　要求工学（共著　近代科学社）
要求工学概論（監修　近代科学社）

放送大学大学院教材　8971030-1-2411（ラジオ）

要求工学

発　行　　2024 年 3 月 20 日　第 1 刷
編著者　　中谷多哉子・大西　淳
発行所　　一般財団法人　放送大学教育振興会
〒 105-0001　東京都港区虎ノ門 1-14-1　郵政福祉琴平ビル
電話　03（3502）2750

市販用は放送大学大学院教材と同じ内容です。定価はカバーに表示してあります。
落丁本・乱丁本はお取り替えいたします。

Printed in Japan　ISBN978-4-595-14203-1　C1355